Hubert Weber

Laplace-Transformation

für Ingenieure der Elektrotechnik

Hubert Weber

Laplace-Transformation

für Ingenieure der Elektrotechnik

7., überarbeitete und ergänzte Auflage

Mit 111 Abbildungen und 125 Beispielaufgaben

Teubner

B. G. Teubner Stuttgart · Leipzig · Wiesbaden

Bibliografische Information Der Deutschen Bibliothek
Die Deutsche Bibliothek verzeichnet diese Publikation in der Deutschen Nationalbibliografie;
detaillierte bibliografische Daten sind im Internet über <http://dnb.ddb.de> abrufbar.

Prof. **Hubert Weber**, Fachhochschule Regensburg

1. Aufl. 1976
2. Aufl. 1978
3. Aufl. 1981
4. Aufl. 1984
5. Aufl. 1987
6. Aufl. 1990
7. überarbeitete und ergänzte Auflage März 2003

Alle Rechte vorbehalten
© B. G. Teubner Stuttgart/Leipzig/Wiesbaden, 2003

Der Teubner Verlag ist ein Unternehmen der Fachverlagsgruppe BertelsmannSpringer.
www.teubner.de

Umschlaggestaltung: Ulrike Weigel, www.CorporateDesignGroup.de
Druck und buchbinderische Verarbeitung: Lengericher Handelsdruckerei, Lengerich/Westfalen
Gedruckt auf säurefreiem und chlorfrei gebleichtem Papier.
Printed in Germany

ISBN 3-519-10141-6

Vorwort

Die Laplace-Transformation ist eine Funktionaltransformation, das heißt einer Funktion $f(t)$ des reellen Zeitbereiches wird eine Bildfunktion $F(s)$ einer komplexen Variablen s zugeordnet. Laplace-Transformation und inverse Laplace-Transformation sind durch Integrale definiert.

Die Beschäftigung mit dieser Transformation ist auch für mehr an der Anwendung der Mathematik interessierten Ingenieure sinnvoll, da viele Problemlösungen im Bildbereich der Laplace-Transformation wesentlich einfacher verlaufen. Dies ist deshalb der Fall, da den schwierigeren Differentiationen und Integrationen des Zeitbereiches einfache algebraische Operationen im Bildbereich entsprechen.

So werden zum Beispiel lineare Differentialgleichungen des Zeitbereiches zu linearen Gleichungen des Bildbereiches. Für Anwendungen in der Elektrotechnik kann durch Einführen von Bildspannungen, Bildströmen und Bildwiderständen auf das Aufstellen der Differentialgleichungen des Zeitbereiches ganz verzichtet werden, wodurch die Problemlösung nochmals vereinfacht wird.

Es soll versucht werden, eine Einführung in die Theorie und Anwendung der Laplace-Transformation zu geben, die einerseits ausreicht, viele in der Praxis auftretenden Probleme zu lösen, die andererseits aber auch eine Grundlage für weitergehende Studien darstellt. Um dieses Ziel ohne allzu großem Aufwand erreichen zu können, wurde vielfach auf eine volle mathematische Strenge verzichtet.

Die Verwendung von Methoden der Funktionentheorie zur inversen Laplace-Transformation wird gezeigt, aber nicht zum Prinzip der inversen Laplace-Transformation gemacht. Die Auswertung der „komplexen Umkehrformel" setzt Kenntnisse der Analysis komplexwertiger Funktionen voraus. Die dazu notwendigen Sätze werden aufgeführt.

Die Verwendung von Korrespondenzen und Transformationsregeln ist einfacher. Der Weg, die Bildfunktion in Terme zu zerlegen und gliedweise zu transformieren ist praxisgerechter und zeigt die Bedeutung der Lage der Pole einer Bildfunktion für die zugehörige Zeitfunktion.

Für eine gekürzte Behandlung der Laplace-Transformation hat es sich bewährt, nach der Definition der Laplace-Transformation im Abschnitt 4.1 gleich zu den Transformationsregeln überzugehen, wobei die Abschnitte 4.3.9, 4.3.14 und 4.3.15 zunächst ausgelassen werden können, um schneller zu den Anwendungen zu gelangen.

Ich möchte mich beim B. G. Teubner Verlag und insbesondere bei Herrn Dr. Feuchte vom Lektorat Maschinenbau/Elektrotechnik bedanken, dass dieses aus Vorlesungen an der Fachhochschule Regensburg entstandene Buch in einer neuen Auflage erscheinen kann.

Regensburg, im Januar 2003   Hubert Weber

INHALT

1. Fourierreihen

1.1 Einführung

In vielen Bereichen der Naturwissenschaften und der Technik etwa in der Physik oder in der Elektrotechnik, haben **harmonische Schwingungen**, die durch eine Sinusfunktion

$$f(t) = A\sin(\omega t + \varphi) \tag{1.1}$$

beschrieben werden können, eine große Bedeutung. Hierbei ist A die Amplitude, ω die Kreisfrequenz und φ der Nullphasenwinkel der harmonischen Schwingung.

Bei der Überlagerung derartiger harmonischer Schwingungen sind zwei Fälle zu unterscheiden:

1. Überlagert man harmonische Schwingungen der **gleichen Frequenz**, so erhält man wieder eine harmonische Schwingung dieser Frequenz.
   Von dieser Tatsache wird in der Elektrotechnik ständig Gebrauch gemacht. Durch Überlagerung von sinusförmigen Wechselspannungen der gleichen Frequenz, etwa der Netzfrequenz 50 Hz erhält man wieder eine sinusförmige Wechselspannung der Frequenz 50 Hz.

2. Überlagert man harmonische Schwingungen **verschiedener Frequenzen,** so erhält man einen zwar periodischen, im allgemeinen jedoch keinen sinusförmigen Vorgang.

Die Überlagerung von harmonischen Schwingungen der gleichen Frequenz ergibt wieder eine harmonische Schwingung dieser Frequenz. Durch Überlagerung harmonischer Schwingungen verschiedener Frequenzen kann man periodische Funktionen erzeugen, die im allgemeinen nicht sinusförmig sind.

Es stellt sich jetzt die Frage, ob man auch umgekehrt "jede beliebige" periodische Funktion als eine Summe von harmonischen Schwingungen darstellen kann.

Diese Frage wurde von dem französischen Mathematiker Jean Baptiste Joseph **Fourier** (1768 - 1830) positiv beantwortet.

Die genauen Bedingungen hierfür wurden von dem deutschen Mathematiker Peter Gustav **Dirichlet** (1805 - 1858) angegeben.

1.2. Reelle Fourierreihen

1.2.1. Grundbegriffe

Definition 1.1

Eine Funktion $f(t)$ heißt T-**periodisch** (periodisch mit der Periode T), wenn für alle Zeitpunkte t des Definitionsbereichs gilt:

$$f(t+T) = f(t) \tag{1.2}$$

Definition 1.2

Eine T-periodische Funktion $f(t)$ genügt den **Dirichlet-Bedingungen**, wenn

1. $f(t)$ beschränkt ist,
2. $f(t)$ im Intervall $[0,T]$ höchstens endlich viele Unstetigkeitsstellen hat
3. die Ableitung $f'(t)$ im Intervall $[0,T]$ bis auf höchstens endlich viele Stellen stetig ist.

Eine Funktion $f(t)$, die den Dirichlet - Bedingungen genügt, kann innerhalb einer Periodendauer T in endlich viele Teilintervalle zerlegt werden, auf denen $f(t)$ monoton und stetig verläuft. An Unstetigkeitsstellen treten nur endliche Sprunghöhen auf.

Diese Voraussetzungen sind bei den in den Anwendungen auftretenden periodischen Zeitfunktionen im allgemeinen erfüllt.

Satz 1.1

Eine T-periodische Funktion, welche den Dirichlet-Bedingungen genügt, lässt sich als **Fourierreihe**

$$f(t) = a_0 + \sum_{k=1}^{\infty} \left[a_k \cos(\omega_0 t) + b_k \sin(\omega_0 t) \right] \tag{1.3}$$

darstellen, wobei $\omega_0 = \dfrac{2\pi}{T}$ die Grundkreisfrequenz ist.

Gl. (1.3) lässt sich folgendermaßen physikalisch interpretieren:

Jeder periodische Vorgang kann in eine Summe von harmonischen Schwingungen zerlegt werden. Dabei können neben der Grundfrequenz nur ganzzahlige Vielfache dieser Frequenz auftreten. Man spricht in diesem Zusammenhang daher auch von **Fourieranalyse**, bzw. **harmonischer Analyse**.

Satz 1.2:

Eine Fourierreihe konvergiert an jeder Stetigkeitsstelle t_S der Zeitfunktion $f(t)$ gegen den Funktionswert $f(t_S)$ und an einer Unstetigkeitsstelle t_u gegen das arithmetische Mittel aus dem rechts- und linksseitigen Grenzwert von $f(t)$.

Für die weiteren Überlegungen ist es zweckmäßig, durch die Substitution

$$x = \omega_0 t \tag{1.4}$$

von einer T-periodischen Funktion $f(t)$ zu einer 2π-periodischen Funktion $f(x)$ überzugehen. Man hat dann den Vorteil, periodische Funktionen $f(x)$ zu betrachten, die alle die gleiche Periode 2π haben.
Die Fourierreihe nach Gl. (1.3) geht damit über in die Form

$$f(x) = a_0 + \sum_{k=1}^{\infty} \left[a_k \cos(kx) + b_k \sin(kx) \right] \tag{1.5}$$

1.2.2. Berechnung der Fourierkoeffizienten

Satz 1.3:

1. Für alle ganzzahligen, von Null verschiedenen Zahlen k gilt:

$$\int_0^{2\pi} \sin(kx)dx = 0 \quad \text{und} \quad \int_0^{2\pi} \cos(kx)dx = 0 \tag{1.6}$$

2. Für alle ganzzahligen, von Null verschiedenen Zahlen k und m gilt

$$\int_0^{2\pi} \sin(kx)\sin(mx)dx = \begin{cases} 0 & \text{für } k \neq m \\ \pi & \text{für } k = m \end{cases} \tag{1.7}$$

$$\int_0^{2\pi} \cos(kx)\cos(mx)dx = \begin{cases} 0 & \text{für } k \neq m \\ \pi & \text{für } k = m \end{cases} \tag{1.8}$$

$$\int_0^{2\pi} \sin(kx)\cos(mx)dx = 0 \tag{1.9}$$

Auf den relativ einfachen Beweis der im Satz 1.3 angegebenen Integrationsformeln sei verzichtet. Wir benützen sie im folgenden als Hilfsformeln bei der Berechnung der Fourierkoeffizienten.

1. Berechnung des Fourierkoeffizienten a_0 (konstantes Glied der FR)

Durch Integration der Fourierreihe nach Gl. (1.5) über eine volle Periode erhält man

$$\int_0^{2\pi} f(x)dx = \int_0^{2\pi} a_0 dx + \sum_{k=1}^{\infty}\left[a_k \int_0^{2\pi}\cos(kx)dx + b_k \int_0^{2\pi}\sin(kx)dx \right] = a_0 2\pi$$

da nach Gl. (1.6) alle Integrale der Summe den Wert Null haben. Damit ergibt sich für das konstante Glied der Fourierreihe

$$a_0 = \frac{1}{2\pi}\int_0^{2\pi} f(x)dx \qquad (1.10)$$

Gl. (1.10) erlaubt eine anschauliche Interpretation des Fourierkoeffizienten a_0 (konstantes Glied der Fourierreihe) als linearen Mittelwert der periodischen Funktion.

Bemerkung: In manchen Darstellungen der Fourierreihen wird das konstante Glied aus formalen Gründen auch mit $\frac{a_0}{2}$ bezeichnet.

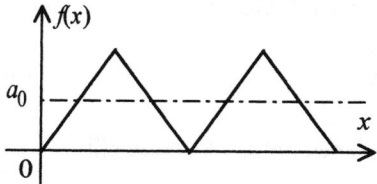

Bild 1.1   Mittelwert von $f(x)$

In vielen einfachen Fällen kann das konstante Glied als Mittelwert der Funktion $f(x)$ ohne Rechnung angegeben werden, da der Mittelwert der periodischen Funktion $f(x)$ oft unmittelbar erkennbar ist.

2. Berechnung der Fourierkoeffizienten a_k ($k \geq 1$)

Ausgehend von Gl. (1.5)

$$f(x) = a_0 + \sum_{m=1}^{\infty}\left[a_m\cos(mx) + b_m\sin(mx)\right] \qquad (1.5)$$

wobei vorübergehend m als Summationsindex gewählt wurde, erhält man durch Multiplikation mit cos(kx) und anschließender Integration über eine Periode

$$\int\limits_0^{2\pi} f(x)\cos(kx)dx = a_0 \int\limits_0^{2\pi} \cos(kx)dx + \sum_{m=1}^{\infty} a_m \int\limits_0^{2\pi} \cos(mx)\cos(kx)dx +$$

$$+ \sum_{m=1}^{\infty} b_m \int\limits_0^{2\pi} \sin(mx)\cos(kx)dx = a_k \pi$$

Denn nach den Gleichungen (1.6), (1.8) und (1.9) haben alle Integrale bis auf ein einziges den Werte Null. Für $m = k$ erhält man

$$\int\limits_0^{2\pi} \cos(kx)\cos(kx)dx = \pi$$

Daraus folgt für den Fourierkoeffizienten a_k :

$$a_k = \frac{1}{\pi} \int\limits_0^{2\pi} f(x)\cos(kx)\, dx \tag{1.11}$$

3. Berechnung der Fourierkoeffizienten b_k

Multipliziert man Gl. (1.5) mit $\sin(kx)$ und integriert anschließend über eine volle Periode, so erhält man analog zur Berechnung der Fourierkoeffizienten a_k für die Koeffizienten der Sinusglieder

$$b_k = \frac{1}{\pi} \int\limits_0^{2\pi} f(x)\sin(kx)\, dx \tag{1.12}$$

4. Verschiebung des Integrationsintervalls

Alle bei der Berechnung der Fourierkoeffizienten auftreten den Integranden $I(x)$, nämlich $f(x)$, $f(x)\cos(kx)$ und auch $f(x)\sin(kx)$ sind 2π-periodische Funktionen. Es gilt daher

$$\int\limits_0^{2\pi} I(x)dx = \int\limits_{\alpha}^{\alpha+2\pi} I(x)dx \tag{1.13}$$

Als Integrationsintervall kann also ein beliebiges Intervall der Länge 2π gewählt werden. Insbesondere ist es für manche Funktionen $f(x)$ günstig, anstelle des Intervalls $[0, 2\pi]$ das Intervall $[-\pi, \pi]$ zu verwenden.

5. Berechnung der Fourierkoeffizienten gerader und ungerader Funktionen

Die Berechnung der Fourierkoeffizienten einer periodischen Funktion ist einfacher, wenn die periodische Funktion $f(x)$ eine Symmetrie besitzt, also entweder eine gerade oder eine ungerade Funktion ist.

a) $f(x)$ sei eine **gerade** periodische Funktion, d.h., es gilt $f(-x) = f(x)$

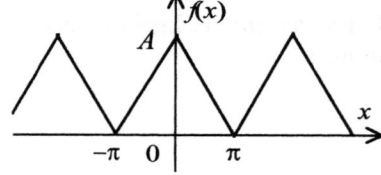

Bild 1.2   Gerade Funktion $f(x)$

Ist $f(x)$ eine gerade Funktion, so ist auch $f(x)\cos(x)$ eine gerade Funktion. $f(x)\sin(x)$ dagegen ist eine ungerade Funktion. Wählt man als Integrationsintervall $[-\pi, \pi]$, so erhält man:

$$a_0 = \frac{1}{\pi} \int_0^\pi f(x)dx \qquad a_k = \frac{2}{\pi} \int_0^\pi f(x)\cos(kx)dx$$

$$b_k = 0 \tag{1.14}$$

Die Fourierreihe einer geraden Funktion ist eine reine "Kosinusreihe". Eine gerade Funktion $f(x)$ wird allein durch Kosinusfunktionen, d.h. durch den geraden Anteil der Fourierreihe dargestellt.

b) Die Zeitfunktion $f(x)$ ist eine **ungerade** periodische Funktion: $f(-x) = -f(x)$

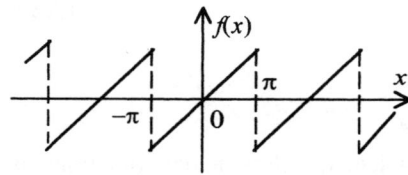

Bild 1.3 Ungerade Funktion $f(x)$

Ist $f(x)$ eine ungerade Funktion, so ist auch $f(x)\cos(x)$ eine ungerade Funktion, während $f(x)\sin(x)$ als Produkt von zwei ungeraden Funktionen gerade ist. Verwendet man das Integrationsintervall $[-\pi, \pi]$ und berücksichtigt die entsprechenden Symmetrien, so erhält man

$$a_k = 0 \qquad b_k = \frac{2}{\pi} \int_0^\pi f(x)\sin(kx)dx \tag{1.15}$$

Die Fourierreihe einer ungeraden Funktion enthält nur die ebenfalls ungeraden Sinusfunktionen. Durch Ausnützen von vorhandenen Symmetrien lässt sich der Rechenaufwand zur Berechnung der Koeffizienten einer Fourierreihe also wesentlich verringern. Man wird daher eine vorgegebene periodische Zeitfunktion, deren Fourierreihe bestimmt werden soll, zuerst auf Symmetrien untersuchen. Auch die Tatsache, dass bei geraden Funktionen die Fourierkoeffizienten a_k, bzw. die Fourierkoeffizienten b_k bei ungeraden Funktionen durch Integrale von 0 bis π, anstelle von Integralen von 0 bis 2π berechnet werden, bedeutet im vielen Fällen eine Vereinfachung der Rechnung.

Übersicht

periodische Zeitfunktion $f(t)$	Fourierkoeffizienten
Beliebige 2π-periodische Funktion	$a_0 = \dfrac{1}{2\pi}\displaystyle\int_0^{2\pi} f(x)\,dx$ $a_k = \dfrac{1}{\pi}\displaystyle\int_0^{2\pi} f(x)\cos(kx)\,dx$ $b_k = \dfrac{1}{\pi}\displaystyle\int_0^{2\pi} f(x)\sin(kx)\,dx$
Gerade 2π-periodische Funktion	$a_0 = \dfrac{1}{\pi}\displaystyle\int_0^{\pi} f(x)\,dx$ $a_k = \dfrac{2}{\pi}\displaystyle\int_0^{\pi} f(x)\cos(kx)\,dx$ $b_k = 0$
Ungerade 2π-periodische Funktion	$a_0 = 0$ $a_k = 0$ $b_k = \dfrac{2}{\pi}\displaystyle\int_0^{\pi} f(x)\sin(kx)\,dx$

1.2.3. Amplitudenspektrum

Sinus- und Kosinusglieder der gleichen Frequenz können zu einem resultierenden Sinusglied zusammengefasst werden.

$$a_k \cos(kx) + b_k \sin(kx) = A_k \sin(kx + \varphi)$$

$$= A_k \left[\sin(kx)\cos(\varphi_k) + \cos(kx)\sin(\varphi_k) \right]$$

Ein Koeffizientenvergleich liefert

$$A_k \cos(\varphi_k) = b_k \qquad \text{und} \qquad A_k \sin(\varphi_k) = a_k$$

Daraus folgt

und

$$A_k = \sqrt{a_k^2 + b_k^2} \qquad (1.16)$$

$$\tan(\varphi_k) = \frac{a_k}{b_k} \qquad (1.17)$$

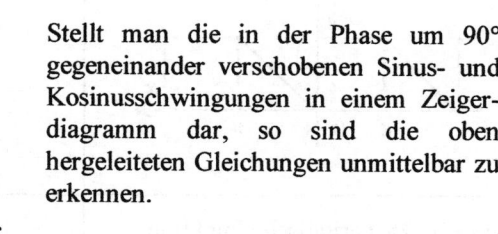

Stellt man die in der Phase um 90° gegeneinander verschobenen Sinus- und Kosinusschwingungen in einem Zeigerdiagramm dar, so sind die oben hergeleiteten Gleichungen unmittelbar zu erkennen.

Bild 1.4 Zeigerdiagramm

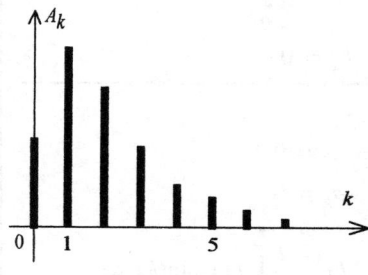

Man erhält einen anschaulichen Überblick über die harmonischen Schwingungsanteile, wenn man die Amplituden A_k als Ordinaten über der Frequenz als Abszisse in einem Amplitudenspektrum darstellt. Dabei ist A_k die resultierende Amplitude einer harmonischen Schwingung der k-fachen Grundfrequenz.

Bild 1.5 Amplitudenspektrum

Beispiel 1.1. Es soll die Fourierreihe der 2π-periodischen Funktion

$$f(x) = \begin{cases} -A & -\pi \leq x < 0 \\ A & 0 \leq x < \pi \end{cases}$$

$$f(x+2\pi) = f(x)$$

bestimmt werden.

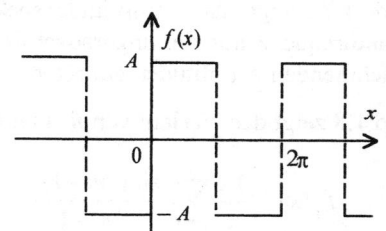

Bild 1.6 Periodische Funktion

Da die Funktion ungerade ist, sind der lineare Mittelwert $a_0 = 0$ und die Koeffizienten der Kosinusglieder $a_k = 0$.

Es müssen daher nur die Fourierkoeffizienten b_k berechnet werden. Für sie gilt

$$b_k = \frac{2}{\pi} \int_0^{2\pi} f(x)\sin(kx)dx = \frac{2A}{\pi} \int_0^{\pi} \sin(kx)dx = \frac{2A}{\pi}\left[\frac{-\cos(kx)}{k}\right]_0^{\pi}$$

$$= \begin{cases} \dfrac{4A}{\pi k} & k = 2n-1 \\ \\ 0 & k = 2n \end{cases} \qquad n \in \mathbf{N}$$

Die Fourierreihe lautet damit

$$f(x) = \frac{4A}{\pi}\left[\sin(x) + \frac{\sin(3x)}{3} + \frac{\sin(5x)}{5} + \frac{\sin(7x)}{7} + \frac{\sin(9x)}{9} + \cdots\right]$$

$$= \frac{4A}{\pi}\sum_{m=1}^{\infty} \frac{\sin(2m-1)x}{2m-1} \qquad m \in \mathbf{N}$$

An den Unstetigkeitsstellen

$$x = 0, \ \pm\pi, \ \pm 2\pi, \ \pm 3\pi, \ \ldots$$

liefert die Fourierreihe den Wert $f(x) = 0$. Dies sind auch die Mittel der rechts- und linksseitigen Grenzwerte

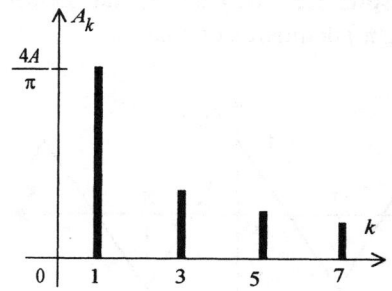

Bild 1.7 Amplitudenspektrum

Bild 1.7 zeigt das Amplitudenspektrum. Man erkennt, dass neben der Grundfrequenz nur die ungeradzahligen Vielfachen dieser Grundfrequenz mit abnehmenden Amplituden auftreten.

Bild 1.8 zeigt den Verlauf von $f(x)$ und der Näherungsfunktion

$$f_n(x) = \frac{4A}{\pi} \sum_{m=1}^{n} \frac{\sin(2m-1)x}{2m-1}$$

im Intervall von 0 bis π für a) $n = 2$ und   b) $n = 15$

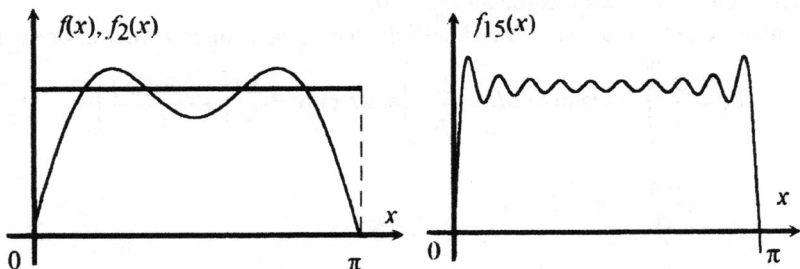

Bild 1.8 Näherungsfunktionen $f_n(x)$

An den Unstetigkeitsstellen sind auch bei größeren Werten von n die Abweichungen der Näherungsfunktionen $f_n(x)$ (endliche Fourierreihe) von der Funktion $f(x)$ nicht beliebig klein. Man kann zeigen, dass für $n \to \infty$ die Höhe des ersten seitlichen Maximums den Wert $1,18A$ hat (Gibb'sches Phänomen).

Beispiel 1.2. Gegeben ist die 2π-periodische Funktion $f(x)$, die im Intervall $[-\pi, \pi]$ definiert ist durch

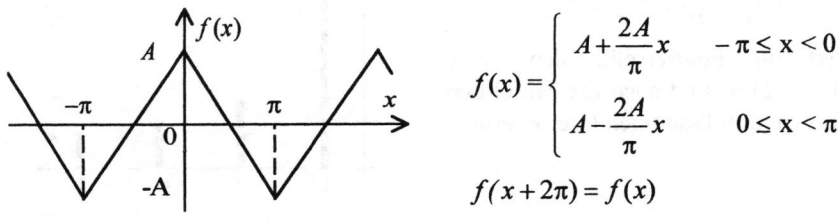

$$f(x) = \begin{cases} A + \dfrac{2A}{\pi}x & -\pi \le x < 0 \\[2ex] A - \dfrac{2A}{\pi}x & 0 \le x < \pi \end{cases}$$

$$f(x + 2\pi) = f(x)$$

Bild 1.9 Periodische Funktion $f(x)$

Da $f(x)$ eine gerade Funktion ist, gilt für alle k: $b_k = 0$. Man erkennt ferner:
$a_0 = 0$ (linearer Mittelwert). Für $k \geq 1$ gilt:

$$a_k = \frac{2}{\pi} \int_0^\pi f(x)\cos(kx)dx = \frac{2A}{\pi} \int_0^\pi \left(1 - \frac{2}{\pi}x\right)\cos(kx)\,dx$$

Durch eine partielle Integration erhält man

$$\int x\cos(kx)dx = \frac{x\sin(kx)}{k} + \frac{x\cos(kx)}{k^2} + C$$

Daraus folgt für die Fourierkoeffizienten a_k

$$a_k = \frac{2A}{\pi}\left[\frac{\sin(kx)}{k}\right]_0^\pi - \frac{4A}{\pi^2}\left[\frac{x\sin(kx)}{k} + \frac{\cos(kx)}{k^2}\right]_0^\pi$$

$$= \frac{4A}{\pi^2 k^2}[1 - \cos(k\pi)] = \begin{cases} \dfrac{8A}{\pi^2 k^2} & k = 2m - 1 \\ 0 & k = 2m \end{cases}$$

Damit ergibt sich folgende Fourierreihe:

$$f(x) = \frac{8A}{\pi^2 k^2}\left[\cos(x) + \frac{\cos(3x)}{9} + \frac{\cos(5x)}{25} + \frac{\cos(7x)}{49} + \dots\right]$$

Die Fourierreihe dieser periodischen Funktion $f(x)$ ohne Unstetigkeitsstellen konvergiert schneller als die Fourierreihe der Funktion von Beispiel 1.1, da hier die Amplituden proportional zu $\frac{1}{k^2}$ abnehmen.

Bemerkung:
Die Funktionen von Beispiel 1.1 und Beispiel 1.2 haben eine Gemeinsamkeit, sie sind sogenannte alternierende Funktionen, für welche $f(x + \pi) = -f(x)$ gilt.
Für die Fourierkoeffizienten einer alternierenden periodischen Funktion lässt sich allgemein $a_0 = 0$; $a_{2m} = 0$ und $b_{2m} = 0$ nachweisen, d.h. bei der Fourieranalyse einer alternierenden Funktion treten nur harmonische Schwingungen auf, deren Frequenzen ungeradzahlige Vielfache der Grundfrequenz sind.

1.3. Komplexe Fourierreihe

1.3.1. Grundlagen

Verwendet man die aus dem Rechnen mit komplexen Zahlen her bekannten Euler'schen Gleichungen

$$e^{jkx} = \cos(kx) + j\sin(kx) \qquad (1.18)$$

$$e^{-jkx} = \cos(kx) - j\sin(kx) \qquad (1.19)$$

so erhält man durch Addition, bzw. Subtraktion der beiden Gleichungen

$$\cos(kx) = \frac{1}{2}\left(e^{jkx} + e^{-jkx}\right) \qquad (1.20)$$

$$\sin(kx) = \frac{1}{2j}\left(e^{jkx} - e^{-jkx}\right) = -\frac{j}{2}\left(e^{jkx} - e^{-jkx}\right) \qquad (1.21)$$

Die reelle Fourierreihe

$$f(x) = a_0 + \sum_{k=1}^{\infty}\left[a_k\cos(kx) + b_k\sin(kx)\right]$$

geht unter Verwendung der Gleichungen (1.20) und (1.21) über in

$$f(x) = \sum_{k=0}^{\infty}\left[\frac{a_k}{2}\left(e^{jkx} + e^{-jkx}\right) - \frac{jb_k}{2}\left(e^{jkx} - e^{-jkx}\right)\right]$$

$$= \sum_{k=0}^{\infty}\left[\frac{a_k - jb_k}{2}e^{jkx} + \frac{a_k + jb_k}{2}e^{-jkx}\right]$$

$$f(x) = \sum_{k=-\infty}^{\infty} c_k e^{jkx} \qquad (1.22)$$

Die Koeffizienten c_k dieser **komplexen Fourierreihe** sind im allgemeinen komplexe Zahlen.

Zwischen den komplexen Fourierkoeffizienten c_k und den Koeffizienten a_k und b_k der reellen Fourierreihe bestehen für $k > 0$ die Zusammenhänge

$$c_k = \frac{a_k - jb_k}{2} \quad \Rightarrow \quad a_k = 2\,\mathrm{Re}\,c_k \quad \text{und} \quad b_k = -2\,\mathrm{Im}\,c_k$$

Ist die 2π-periodische Funktion $f(x)$ eine gerade Funktion, ($b_k = 0$ für alle k), so sind die Fourierkoeffizienten c_k reell.

Im Falle einer ungeraden 2π-periodischen Funktion $f(x)$ ($a_k = 0$ für alle k), sind die Fourierkoeffizienten c_k rein imaginäre Zahlen.

1.3.2. Berechnung der komplexen Fourierkoeffizienten c_k

Multipliziert man die komplexe Fourierreihe

$$f(x) = \sum_{m=-\infty}^{\infty} c_m \, e^{jmx}$$

mit dem Faktor e^{-jkx} und integriert anschließend über eine Periode, so erhält man

$$\int_0^{2\pi} f(x)\,e^{-jkx}dx = \sum_{m=-\infty}^{\infty} c_m \int_0^{2\pi} e^{j(m-k)x}dx$$

Dabei gilt:

$$\int_0^{2\pi} e^{j(m-k)x}dx = \begin{cases} \left[\dfrac{e^{j(m-k)x}}{j(m-k)}\right]_0^{2\pi} = 0 & \text{für } m \neq k \\[2ex] 2\pi & \text{für } m = k \end{cases}$$

Wir erhalten also $\displaystyle\int_0^{2\pi} f(x)\,e^{-jkx}dx = 2\pi\,c_k$ und daraus schließlich

$$c_k = \frac{1}{2\pi} \int_0^{2\pi} f(x)\,e^{-jkx}dx \qquad (1.23)$$

Als Integrationsintervall kann auch das Intervall $[-\pi, \pi]$ gewählt werden. Für $k = 0$ ergibt sich:

$$c_0 = \frac{1}{2\pi} \int_0^{2\pi} f(x)dx = a_0 \qquad (1.24)$$

Das konstante Glied c_0 (Mittelwert der Zeitfunktion) stimmt natürlich mit dem konstanten Glied a_0 der reellen Fourierreihe überein.

Beispiel 1.3. Es soll die Fourierreihe der 2π - periodischen Funktion

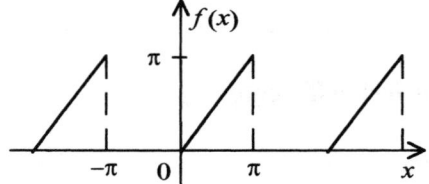

$$f(x) = \begin{cases} 0 & \text{für} \quad -\pi \le x < 0 \\ x & \text{für} \quad 0 \le x < \pi \end{cases}$$

$$f(x + \pi) = f(x)$$

berechnet werden.

Bild 1.10 Periodische Funktion $f(x)$ von
Beispiel 1.3

Wir erhalten als linearen Mittelwert der Funktion $f(x)$: $c_0 = a_0 = \dfrac{\pi}{4}$.

Für $k \ge 1$ erhält man durch eine partielle Integration

$$c_k = \frac{1}{2\pi} \int\limits_0^{2\pi} x e^{-jkx} dx = \frac{1}{2\pi}\left[-\frac{x}{jk}e^{-jkx} + \frac{1}{k^2}e^{-jkx} \right]_0^{2\pi}$$

a) Für gerade Zahlen $k = 2n$ ($n \in \mathbf{N}$) ist $e^{jk\pi} = 1$ und damit

$$c_k = \frac{j}{2k} \quad \Rightarrow \quad a_k = 0 \quad \text{und} \quad b_k = -2\text{Im}\, c_k = -\frac{1}{k}$$

b) Für ungerade Zahlen $k = 2n - 1$ ist $e^{jk\pi} = -1$ und damit

$$c_k = -\frac{j}{\pi k^2} - \frac{1}{2k} \quad \Rightarrow \quad a_k = -\frac{2}{\pi k^2} \quad \text{und} \quad b_k = \frac{1}{k}$$

Reelle Fourierreihe:

$$f(x) = \frac{\pi}{4} + \sum_{k=1}^{\infty}\left[(-1)^{k+1}\frac{\sin(kx)}{k} - \frac{2}{\pi}\frac{\cos(2k-1)x}{(2k-1)^2} \right]$$

Komplexe Fourierreihe:

$$f(x) = \frac{\pi}{4} + \sum_{\substack{k=-\infty \\ k \ne 0}}^{\infty}\left[\frac{j}{4\pi}e^{j2kx} + \left(\frac{1}{4\pi k^2} + \frac{j}{4k}\right)e^{j(2k-1)x} \right]$$

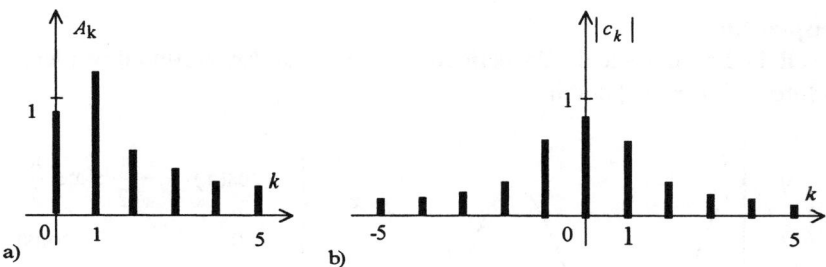

Bild 1.11 Amplitudenspektrum a) für die reelle FR b) für die komplexe FR

Zwischen den Amplituden der reellen und der komplexen Fourierreihe bestehen die Zusammenhänge:

$$|c_k| = |c_{-k}|, \quad 2|c_k| = A_k \quad \text{und} \quad c_0 = a_0 \tag{1.25}$$

Übungsaufgaben zum Abschnitt 1 (Lösungen im Anhang)

Beispiel 1.4.

Man berechne die Fourier-koeffizienten der in Bild 1.12 dargestellten 2π-periodischen Funktion $f(x)$.

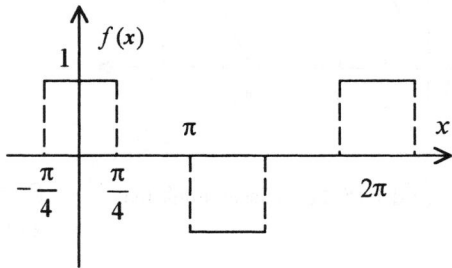

Bild 1.12 Periodische Funktion $f(x)$

Beispiel 1.5.

Man berechne die Fourierreihe der 2π-periodischen Funktion $f(x)$, die im Intervall $[0, 2\pi]$ durch

$$f(x) = \frac{x}{2\pi}$$

definiert ist.

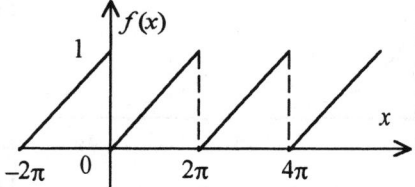

Bild 1.13 "Sägezahnkurve"

Beispiel 1.6.

Es soll die Fourierreihe der 2π-periodischen Funktion $f(x)$ bestimmt werden, die im Intervall $[-\pi, \pi]$ durch

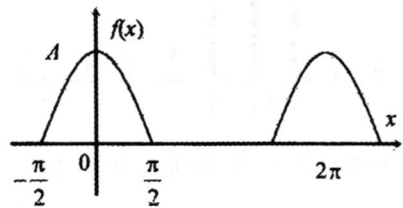

Bild 1.14   Periodische Funktion

$$f(x) = \begin{cases} A\cos(x) & -\dfrac{\pi}{2} \le x \le \dfrac{\pi}{2} \\ 0 & \text{sonst} \end{cases}$$

$$f(x + 2\pi) = f(x)$$

bestimmt ist.

Beispiel 1.7.

Gegeben ist die 2π-periodische Funktion

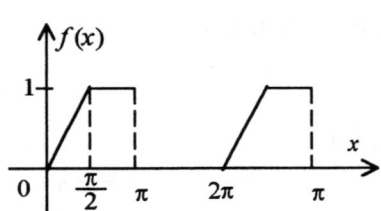

Bild 1.15   Periodische Funktion

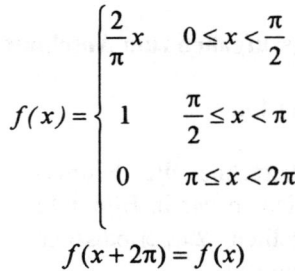

$$f(x) = \begin{cases} \dfrac{2}{\pi}x & 0 \le x < \dfrac{\pi}{2} \\ 1 & \dfrac{\pi}{2} \le x < \pi \\ 0 & \pi \le x < 2\pi \end{cases}$$

$$f(x + 2\pi) = f(x)$$

Bestimmen Sie die Fourierkoeffizienten a_0, a_1, a_2, b_1 und b_2.

Beispiel 1.8.

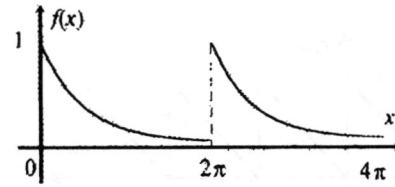

Bild 1.16   Periodische Funktion

Gegeben ist die 2π-periodische Funktion

$$f(x) = e^{-x} \quad 0 \le x \le 2\pi$$

$$f(x + 2\pi) = f(x)$$

Berechnen Sie den komplexen Fourierkoeffizienten c_k und die reellen Fourierkoeffizienten a_0, a_1 und b_1.

2 Fourierintegral

2.1. Übergang von der Fourierreihe zum Fourierintegral

Im Abschnitt 1 haben wir gesehen, dass eine T - periodische Zeitfunktion $f_p(t)$, die den Dirichlet'schen Bedingungen genügt, als Fourierreihe

$$f_p(t) = a_0 + \sum_{k=1}^{\infty} \left[a_k \cos(k\omega_0 t) + b_k \sin(k\omega_0 t) \right] \qquad (2.1)$$

darstellbar ist. Es ist dies die Zerlegung eines **periodischen** Vorgangs in eine Summe von harmonischen Schwingungen, anschaulich charakterisiert durch ein diskontinuierliches Amplitudenspektrum. Es stellt sich nun die Frage, ob auch eine **nichtperiodische** Funktion in harmonische Schwingungen zerlegt werden kann.

Wir betrachten dazu eine Zeitfunktion $f(t)$, die nur innerhalb eines Zeitintervalls der Länge T von Null verschiedene Werte annehmen kann. Es sei

$$f(t) = \begin{cases} \text{definiert für} \quad -\dfrac{T}{2} \le t \le \dfrac{T}{2} \\ \quad 0 \quad \text{sonst} \end{cases} \qquad (2.2)$$

Durch periodisches Fortsetzen von $f(t)$ entsteht eine periodische Funktion $f_p(t)$, für welche die komplexe Fourierreihe

$$f_p(t) = \sum_{k=-\infty}^{\infty} c_k \, e^{jk\omega_0 t} \qquad (2.3)$$

mit der Grundkreisfrequenz $\omega_0 = \dfrac{2\pi}{T}$ und den komplexen Fourierkoeffizienten

$$c_k = \frac{1}{T} \int_{-\frac{T}{2}}^{\frac{T}{2}} f_p(t) e^{-jk\omega_0 t} \qquad (2.4)$$

existiert. Wegen $f_p(t) = f(t)$ im Intervall $\left[-\dfrac{T}{2}, \dfrac{T}{2} \right]$ kann in Gl. (2.4) die periodische Zeitfunktion $f_p(t)$ durch $f(t)$ ersetzt werden. Die in Abschnitt 1.2.1 eingeführte Variable x wurde hierbei wieder durch $\omega_0 t$, die Periodendauer 2π entsprechend durch T ersetzt.

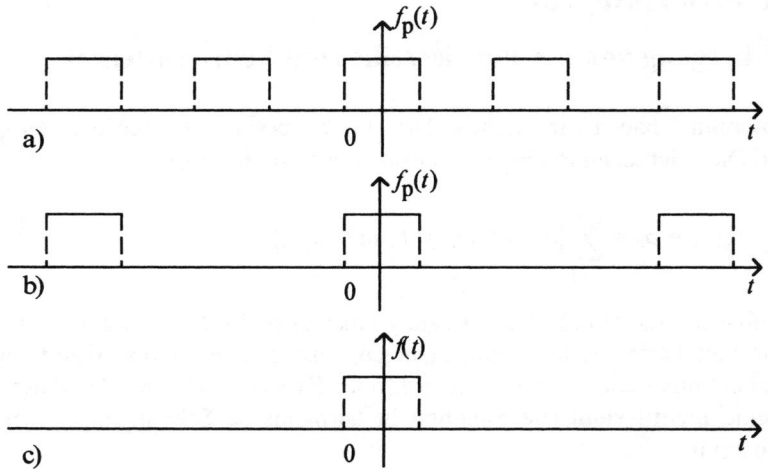

Bild 2.1 a)   periodische Funktion $f_p(t)$

b) $f_p(t)$ bei Vergrößerung der Periodendauer T

c)   Nichtperiodische Funktion $f(t)$

Bild 2.1 zeigt eine nichtperiodische Funktion $f(t)$ und die zugehörige periodische Funktion $f_p(t)$ bei verschiedenen Werten der Periodendauer T. Man erkennt, dass im Grenzfall $T \to \infty$ aus $f_p(t)$ eine nichtperiodische Funktion wird.

Verwendet man Gl. (2.4) und $\dfrac{1}{T} = \dfrac{\omega_0}{2\pi}$, so erhält die komplexe Fourierreihe für die periodische Funktion $f_p(t)$ folgende Form:

$$f_p(t) = \frac{1}{2\pi} \sum_{k=-\infty}^{\infty} \left[\int_{-\frac{T}{2}}^{\frac{T}{2}} f(t) e^{-jk\omega_0 t} dt \right] \omega_0 \, e^{jk\omega_0 t} \tag{2.5}$$

Die den einzelnen Gliedern der Fourierreihe entsprechenden harmonischen Schwingungen haben einen Kreisfrequenzabstand

$$\Delta\omega = \omega_0 = \frac{2\pi}{T}$$

der mit wachsender Periodendauer T immer kleiner wird. Im Grenzfall $T \to \infty$ wird aus ω_0 ein Differential $d\omega$ aus den diskreten Kreisfrequenzen $k\omega_0$ wird eine kontinuierliche Kreisfrequenz ω, die Summation geht in eine Integration über. Mit $T \to \infty$, $\omega_0 \to d\omega$, $k\omega_0 \to \omega$, $\sum \to \int$ und $f_p(t) \to f(t)$ wird aus Gl. (2.5):

$$f(t) = \frac{1}{2\pi} \int\limits_0^\infty \left[\int\limits_0^\infty f(t) e^{-j\omega t} dt \right] e^{j\omega t} \, d\omega \qquad (2.6)$$

Definition 2.1

Die Funktion der Kreisfrequenz ω

$$F(\omega) = \int\limits_{-\infty}^\infty f(t) e^{-j\omega t} dt \qquad (2.7)$$

heißt **Spektralfunktion**.

Satz 2.1:

Ist die Zeitfunktion $f(t)$ **absolut integrierbar**, d.h. es gilt

$$\int\limits_{-\infty}^\infty |f(t)| \, dt < \infty, \qquad (2.8)$$

so existiert die zugehörige Spektralfunktion $F(\omega)$.

Die Aussage des Satzes 2.1 ist eine hinreichende, keine notwendige Bedingung für die Existenz der Spektralfunktion.

Das uneigentliche Integral von Gl. (2.7) konvergiert wegen $\left| e^{-j\omega t} \right| = 1$ sogar absolut, wenn die folgende Bedingung erfüllt ist.

$$\int\limits_{-\infty}^\infty \left| f(t) e^{-j\omega t} \right| dt = \int\limits_{-\infty}^\infty |f(t)| \, dt < \infty$$

Mit Gl. (2.6) und Satz 2.1 erhält man

Satz 2.2:

Für eine absolut integrierbare Zeitfunktion $f(t)$ existiert die folgende
Darstellung als Fourierintegral

$$f(t) = \frac{1}{2\pi} \int\limits_{-\infty}^{\infty} F(\omega) e^{j\omega t} d\omega \tag{2.9}$$

(komplexes Fourierintegral)

Wir haben gesehen, dass sich auch eine nichtperiodische Funktion $f(t)$ in
harmonische Schwingungen auflösen lässt. Im Gegensatz zu einer periodischen
Funktion, bei der nur ganzzahlige Vielfache einer Grundkreisfrequenz ω_0
auftreten können, existiert hier ein kontinuierliches Schwingungsspektrum,
dessen spektrale Verteilung durch die Spektralfunktion $F(\omega)$ beschrieben wird.
Anstelle einer **Fourierreihe** erhält man das **Fourierintegral**.
Die Zeitfunktion $f(t)$ ergibt sich dabei als Integral über das kontinuierliche
Schwingungsspektrum. Dieses Zerlegen eines zeitlichen Vorgangs in
harmonische Schwingungen, das Arbeiten im Frequenzbereich, ist für viele
Anwendungen, gerade auch in der Elektrotechnik, überaus wichtig.

2.2 Eigenschaften des Fourierintegrals

Es sollen im folgenden einige Eigenschaften des Fourierintegrals gezeigt
werden. Dabei werden deutliche Analogien zur Fourierreihe sichtbar.
Da die Spektralfunktion $F(\omega)$ im allgemeinen eine komplexwertige Funktion
ist, sie wird auch als **komplexe Amplitudendichte** bezeichnet, kann sie in
einen Realteil $\mathrm{Re}\, F(\omega)$ und in einen Imaginärteil $\mathrm{Im} F(\omega)$ zerlegt und in
Komponentenform

$$F(\omega) = \mathrm{Re} F(\omega) + j \mathrm{Im} F(\omega) \tag{2.10}$$

angegeben werden.
In Analogie zur Fourierreihe werden für den Realteil und den Imaginärteil der
Spektralfunktion $F(\omega)$ auch die Bezeichnungen

$$\mathrm{Re}\, F(\omega) = a(\omega) \quad \text{bzw.} \quad \mathrm{Im}\, F(\omega) = -b(\omega)$$

verwendet, sodass sich für die Spektralfunktion folgende Darstellung ergibt:

$$F(\omega) = a(\omega) - j b(\omega)$$

Satz 2.3:

Ist $f(t)$ eine reellwertige Funktion, so ist der Realteil der zugehörigen Spektralfunktion $F(\omega)$ eine gerade, der Imaginärteil eine ungerade Funktion der Kreisfrequenz ω

Beweis:

Wegen $e^{-j\omega t} = \cos(\omega t) - j\sin(\omega t)$ folgt mit Gl. (2.7)

$$F(\omega) = \int\limits_{-\infty}^{\infty} f(t)\cos(\omega t)dt - j \int\limits_{-\infty}^{\infty} f(t)\sin(\omega t)\,dt$$

und daraus, da $f(t)$ reellwertig ist:

$$\text{Re } F(\omega) = \int\limits_{-\infty}^{\infty} f(t)\cos(\omega t)dt \qquad (2.11)$$

$$\text{Im } F(\omega) = -\int\limits_{-\infty}^{\infty} f(t)\sin(\omega t)dt \qquad (2.12)$$

Ersetzt man in den Gleichungen (2.11) bzw. (2.12) die Variable ω durch $-\omega$, so erkennt man unmittelbar, dass

$$\text{Re } F(-\omega) = \text{Re } F(\omega) \quad \text{und} \quad \text{Im } F(-\omega) = -\text{Im } F(\omega)$$

gilt, da $\cos(\omega t)$ eine gerade und $\sin(\omega t)$ eine ungerade Funktion von der Kreisfrequenz ω ist.

Mit $F(\omega) = \text{Re } F(\omega) + j\text{Im } F(\omega)$ und $e^{j\omega t} = \cos(\omega t) + j\sin(\omega t)$ geht das komplexe Fourierintegral nach Gl. (2.9) über in

$$f(t) = \frac{1}{2\pi} \left\{ \int\limits_{-\infty}^{\infty} \left[\text{Re}F(\omega)\cos(\omega t) - \text{Im}F(\omega)\sin(\omega t)\right]d\omega \right.$$

$$\left. + j \int\limits_{-\infty}^{\infty} \left[\text{Re}F(\omega)\sin(\omega t) + \text{Im}F(\omega)\cos(\omega t)\right]d\omega \right\}$$

Da $f(t)$ als reellwertig vorausgesetzt wird, hat das zweite Integral den Wert Null. Man erkennt dies auch daran, dass der Integrand des zweiten Integrals eine ungerade Funktion ist.

Berücksichtigt man noch, dass beim ersten Integral über eine gerade Funktion integriert wird, so erhält man die folgende **reelle Form des Fourierintegrals**:

$$f(t) = \frac{1}{\pi} \int\limits_0^\infty \left[\operatorname{Re}F(\omega)\cos(\omega t) - \operatorname{Im}F(\omega)\sin(\omega t)\right]d\omega \tag{2.13}$$

Das reelle Fourierintegral hat eine einfachere Form, wenn die Zeitfunktion $f(t)$ eine Symmetrie besitzt.

Ist $f(t)$ eine **gerade Funktion**, so ist nach Gl.(2.12) der Imaginärteil der Spektralfunktion Null und Gl. (2.13) geht über in

$$f(t) = \frac{1}{\pi} \int\limits_0^\infty \operatorname{Re}F(\omega)\cos(\omega t)\,d\omega \tag{2.14}$$

Gl.(2.11) vereinfacht sich zu

$$\operatorname{Re} F(\omega) = 2 \int\limits_0^\infty f(t)\cos(\omega t)\,dt \tag{2.15}$$

Ist die Zeitfunktion $f(t)$ eine **ungerade Funktion**, so ist der Realteil der Spektralfunktion Null. Das reelle Fourierintegral lautet dann

$$f(t) = -\frac{1}{\pi} \int\limits_0^\infty \operatorname{Im}F(\omega)\sin(\omega t)\,d\omega \tag{2.16}$$

$$\operatorname{Im} F(\omega) = -2 \int\limits_0^\infty f(t)\sin(\omega t)\,dt \tag{2.17}$$

Man erkennt eine deutliche Analogie zur Fourierreihe einer periodischen Zeitfunktion. Die Fourierreihe einer geraden periodischen Funktion enthält nur Kosinusglieder, die einer ungeraden Funktion nur Sinusglieder. Entsprechend ist das Fourierintegral einer geraden nichtperiodischen Zeitfunktion ein Integral über ein kontinuierliches Spektrum von Kosinusschwingungen, das einer ungeraden nichtperiodischen Zeitfunktion ein Integral über ein kontinuierliches Spektrum von Sinusschwingungen.

Ohne Beweis sei abschließend erwähnt, dass an Unstetigkeitsstellen von $f(t)$ das Fourierintegral, wie die Fourierreihe, zum arithmetischen Mittel aus dem rechts- und linksseitigen Grenzwert der Zeitfunktion $f(t)$ führt.

Übersicht

Komplexes Fourierintegral

Spektralfunktion	Fourierintegral
$$F(\omega) = \int\limits_{-\infty}^{\infty} f(t)e^{-j\omega t}\,dt$$	$$f(t) = \frac{1}{2\pi}\int\limits_{-\infty}^{\infty} F(\omega)e^{j\omega t}\,d\omega$$

Reelles Fourierintegral

a) Zeitfunktion ohne Symmetrien

Spektralfunktion	Fourierintegral
$$F(\omega) = \operatorname{Re} F(\omega) + j\operatorname{Im} F(\omega)$$ $$\operatorname{Re} F(\omega) = \int\limits_{-\infty}^{\infty} f(t)\cos(\omega t)\,dt$$ $$\operatorname{Im} F(\omega) = -\int\limits_{-\infty}^{\infty} f(t)\sin(\omega t)\,dt$$	$$f(t) = \frac{1}{\pi}\int\limits_{0}^{\infty}\left[\begin{array}{l}\operatorname{Re}F(\omega)\cos(\omega t)\\ -\operatorname{Im}F(\omega)\sin(\omega t)\end{array}\right]d\omega$$

b) Gerade Zeitfunktion $f(-t) = f(t)$:

Spektralfunktion	Fourierintegral
$$F(\omega) = 2\int\limits_{0}^{\infty} f(t)\cos(\omega t)\,dt$$	$$f(t) = \frac{1}{\pi}\int\limits_{0}^{\infty}\operatorname{Re} F(\omega)\cos(\omega t)\,d\omega$$

c) Ungerade Zeitfunktion $f(-t) = -f(-t)$

Spektralfunktion	Fourierintegral
$$F(\omega) = -2j\int\limits_{0}^{\infty} f(t)\sin(\omega t)\,dt$$	$$f(t) = -\frac{1}{\pi}\int\limits_{0}^{\infty}\operatorname{Im} F(\omega)\sin(\omega t)\,d\omega$$

Beispiel 2.1.

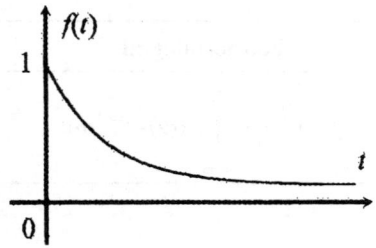

Man berechne die Spektralfunktion $F(\omega)$ der Zeitfunktion

$$f(t) = \begin{cases} e^{-at} & \text{für } t \geq 0 \ (a > 0, \text{reell}) \\ 0 & \text{für } t < 0 \end{cases}$$

Bild 2.2   Zeitfunktion $f(t)$

Für die Spektralfunktion $F(\omega)$ erhält man mit Gl. (2.7)

$$F(\omega) = \int\limits_{-\infty}^{\infty} f(t)e^{-j\omega t}\,dt = \int\limits_{-\infty}^{\infty} e^{-(a+j\omega)t}\,dt = \left[\frac{e^{-(a+j\omega)t}}{-(a+j\omega)}\right]_{0}^{\infty} = \frac{1}{a+j\omega}$$

Es ist der Grenzwert $\quad \lim\limits_{t\to\infty}\left[\dfrac{e^{-(a+j\omega)t}}{-(a+j\omega)}\right] = 0 \quad$, da $a > 0$ und reell vorausgesetzt

war und $\left|e^{j\omega t}\right| = 1$ ist. Für die Zerlegung der Spektralfunktion $F(\omega)$ in Real- und Imaginärteil folgt:

$$F(\omega) = \frac{1}{a+j\omega} = \frac{a-j\omega}{a^2+b^2} \Rightarrow \text{Re } F(\omega) = \frac{a}{a^2+\omega^2} \quad \text{und} \quad \text{Im } F(\omega) = \frac{-\omega}{a^2+\omega^2}$$

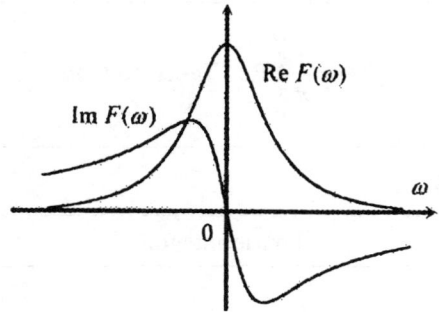

Bild 2.3   Real- und Imaginärteil der Spektralfunktion $F(\omega)$

Man erkennt, dass der Realteil der Spektralfunktion eine gerade, der Imaginärteil eine ungerade Funktion der Kreisfrequenz ω ist.

Beispiel 2.2.
Gegeben sei die Spektralfunktion

$$F(\omega) = \begin{cases} A & \text{für} \quad -\omega_0 \le t \le \omega_0 \\ 0 & \text{sonst} \end{cases}$$

Man berechne die zugehörige Zeitfunktion $f(t)$.

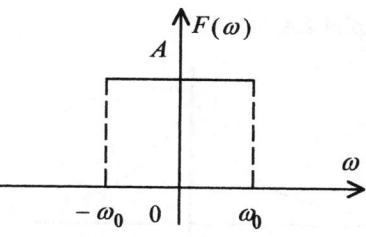

Bild 2.4 Spektralfunktion $F(\omega)$

Die Spektralfunktion $F(\omega)$ ist reellwertig. Die zugehörige Zeitfunktion ist daher eine gerade Funktion der Variablen t und es folgt mit Gl. (2.14):

$$f(t) = \frac{A}{\pi} \int_0^{\omega_0} \cos(\omega t)d\omega = \frac{A}{\pi}\left[\frac{\sin(\omega t)}{t}\right]_0^{\omega_0} = \frac{A}{\pi}\frac{\sin(\omega_0 t)}{t}$$

Für t = 0 ist die Zeitfunktion $f(t)$
nicht definiert.
Es existiert aber der Grenzwert

$$\lim_{t \to 0} f(t) = \frac{A\omega_0}{\pi}$$

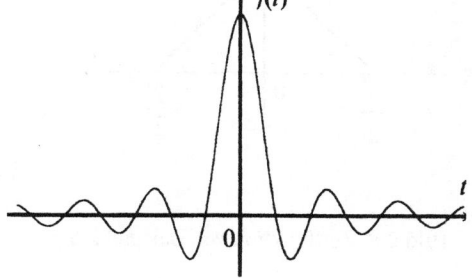

Bild 2.5 Zeitfunktion $f(t)$

Übungsaufgaben zum Abschnitt 2 (Lösungen im Anhang)

Beispiel 2.3. Man berechne die Spektralfunktion $F(\omega)$ zur Zeitfunktion

$$f(t) = \begin{cases} -1 & \text{für} \quad -\frac{T}{2} \le t < 0 \\ 1 & \text{für} \quad 0 \le t < \frac{T}{2} \\ 0 & \text{sonst} \end{cases}$$

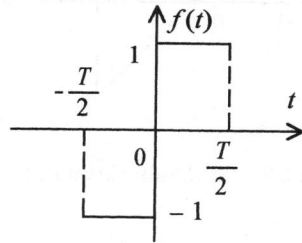

Bild 2.6 Zeitfunktion $f(t)$

Beispiel 2.4.

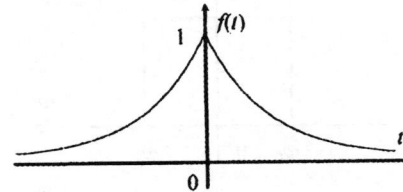

Man bestimme die Spektralfunktion $F(\omega)$ zur Zeitfunktion

$$f(t) = e^{-a|t|} \quad (a \in \mathbf{R},\ a < 0).$$

Bild 2.7 Zeitfunktion $f(t)$ von
          Beispiel 2.4

Beispiel 2.5. Man berechne für die Zeitfunktion

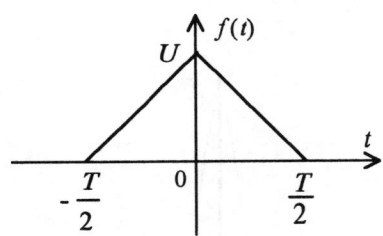

$$f(t) = \begin{cases} U + \dfrac{2U}{T}t & \text{für} \quad -\dfrac{T}{2} \le t < 0 \\[2mm] U - \dfrac{2U}{T}t & \text{für} \quad 0 \le t \le \dfrac{T}{2} \\[2mm] 0 & \text{sonst} \end{cases}$$

die Spektralfunktion $F(\omega)$ und ihre reelle Fourierintegraldarstellung.

Bild 2.8 Zeitfunktion von Beispiel 2.5

Beispiel 2.6.

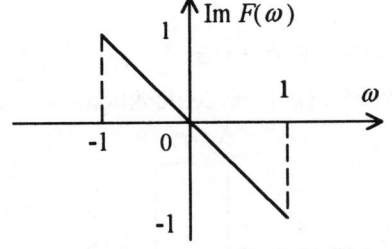

Gegeben ist die Spektralfunktion

$$F(\omega) = \begin{cases} -j\omega & -1 \le \omega \le 1 \\ 0 & sonst \end{cases}$$

Berechnen Sie die zugehörige Zeitfunktion $f(t)$.

Bild 2.9   Spektralfunktion $F(\omega)$

3. Fouriertransformation

3.1. Definition der Fouriertransformation

Durch Gl. (2.7) wird einer bestimmten Klasse von Zeitfunktionen, für welche das uneigentliche Integral konvergiert, eine Spektralfunktion $F(\omega)$ zugeordnet. Eine derartige Zuordnung heißt auch Transformation. Es wird dadurch eine Zeitfunktion $f(t)$ in eine Bildfunktion $F(\omega)$ transformiert.

Definition 3.1:

a) Die durch die Gleichung

$$F(\omega) = \int_{-\infty}^{\infty} f(t)\mathrm{e}^{-\mathrm{j}\omega t}\,dt \tag{2.7}$$

bestimmte Transformation, heißt **Fouriertransformation.**

b) Die Menge der Originalfunktionen $f(t)$, für welche die zugehörige Spektralfunktion $F(\omega)$ existiert, heißt **Originalraum.**

c) Die Menge der Bildfunktionen $F(\omega)$ heißt **Bildraum der Fouriertransformation**.

Die Originalfunktion $f(t)$ geht durch die Fouriertransformation in die Bildfunktion $F(\omega)$ über.

Originalfunktion $f(t)$	Fouriertransformation $\xrightarrow{\hspace{2cm}}$	Bildfunktion $F(\omega)$

Da $F(\omega)$ durch Fouriertransformation aus der Zeitfunktion $f(t)$ erhalten wird, heißt $F(\omega)$ auch **Fouriertransformierte** der Funktion $f(t)$. Dieser Zusammenhang wird symbolisch ausgedrückt durch

$$F(\omega) = \mathrm{F}\{f(t)\} \tag{3.1}$$

ausgedrückt. Mit Gl. (2.9) kann bei bekannter Fouriertransformierter $F(\omega)$ die Zeitfunktion $f(t)$ bestimmt werden.

Definition 3.2:

Die durch die Gleichung

$$f(t) = \frac{1}{2\pi} \int_{-\infty}^{\infty} F(\omega) e^{j\omega t} d\omega \qquad (2.9)$$

definierte Transformation, heißt **inverse Fouriertransformation.**

Originalfunktion $f(t)$	$\xleftarrow[\text{Fouriertransformation}]{\text{Inverse}}$	Bildfunktion $F(\omega)$

Die Zeitfunktion $f(t)$ erhält man durch inverse Fouriertransformation aus $F(\omega)$, symbolisch ausgedrückt durch

$$f(t) = F^{-1}\{ F(\omega) \} \qquad (3.2)$$

Das folgende Beispiel soll zeigen, dass schon für eine einfache Zeitfunktion die Fouriertransformation nicht ohne weiteres durchgeführt werden kann.

Beispiel 3.1. Man bestimme die Fouriertransformierte der "Sprungfunktion"

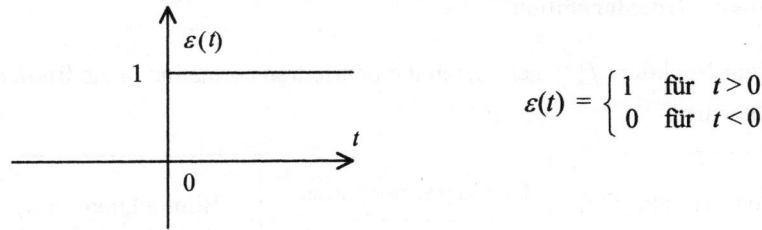

$$\varepsilon(t) = \begin{cases} 1 & \text{für } t > 0 \\ 0 & \text{für } t < 0 \end{cases}$$

Bild 3.1 Sprungfunktion

Mit Gl. (2.7) erhält man

$$F(\omega) = F\{\varepsilon(t)\} = \int_{0}^{\infty} e^{-j\omega t} dt = \left[\frac{e^{-j\omega t}}{-j\omega}\right]_{0}^{\infty} = \lim_{t \to \infty}\left[-\frac{1}{j\omega} e^{-j\omega t}\right] + \frac{1}{j\omega}$$

Da $\quad e^{-j\omega t} = \cos(\omega t) + j\sin(\omega t)\quad$ für $\ t \to \infty\ $ nicht definiert ist, kann man auf diese Weise die Fouriertransformierte der Sprungfunktion nicht erhalten.

Die Sprungfunktion ist nicht absolut integrierbar. Sie erfüllt daher nicht die im Satz 2.2 angegebene hinreichende Bedingung für die Existenz einer Spektralfunktion.

Für $a \to 0$ geht die im Beispiel 2.1 betrachtete Zeitfunktion

$$f(t) = \begin{cases} e^{-at} & \text{für } t \geq 0 \\ 0 & \text{für } t < 0 \end{cases} \quad (a > 0)$$

in die Sprungfunktion über. Mit dem Ergebnis von Beispiel 2.1

$$F(\omega) = \frac{1}{a + j\omega}$$

erhält man im Grenzfall $a \to 0$ für die Fouriertransformierte der Sprungfunktion

$$F(\omega) = \frac{1}{j\omega}$$

Dieser Weg ist aber schon deshalb nicht befriedigend, weil sich damit für die inverse Fouriertransformation

$$\varepsilon(t) = \int_{-\infty}^{\infty} \frac{1}{j\omega} e^{j\omega t} d\omega$$

ergibt und diese Darstellung für $\omega = 0$ nicht definiert ist.

Die Menge der Zeitfunktionen, für die eine Fouriertransformierte existiert, kann dadurch erweitert werden, dass man den Funktionsbegriff der klassischen Analysis durch die Hinzunahme der Dirac'schen Deltafunktion (s. Abschn. 4.3.4) als verallgemeinerte Funktion erweitert.

Als Fouriertransformierte der Sprungfunktion ergibt sich dann

$$F(\omega) = \begin{cases} \pi \delta(\omega) & \text{für } \omega = 0 \\ \dfrac{1}{j\omega} & \text{für } \omega \neq 0 \end{cases}$$

3.2 Diskrete Fouriertransformation (DFT) und schnelle Fouriertransformation (FFT)

In den vorhergehenden Abschnitten haben wir die Fourierreihen periodischer Zeitfunktionen und die Fouriertransformation von kontinuierlichen nichtperiodischen Zeitfunktionen betrachtet.

Die Berechnung einer Fourierreihe kann man als eine Operation auffassen, die einer periodischen Zeitfunktion eine Folge von komplexen Fourierkoeffizienten c_k zuordnet.

Die Fouriertransformation ordnet einer kontinuierlichen nichtperiodischen Funktion $f(t)$ eine Fouriertransformierte $F(\omega)$ zu.

In beiden Fällen müssen Integrale bestimmt werden. Dies ist jedoch nur dann möglich, wenn die betrachtete Zeitfunktion in einer analytischen Form gegeben ist, die hinreichend einfach ist, sodass die auftretenden Integrale auch berechnet werden können. In der Praxis ist dies nicht immer der Fall. Um nun in solchen Fällen einen Computer, also eine digitale Rechenanlage, als Hilfsmittel einsetzen zu können, muss die kontinuierliche Funktion digitalisiert werden. Die Funktion wird dazu abgetastet und durch eine Folge von Funktionswerten beschrieben.

Wir kommen dadurch von der schon besprochenen kontinuierlichen Fouriertransformation (FT) zur diskreten Fouriertransformation (DFT).

Integrationen gehen dabei in Summationen über, die von digitalen Rechenanlagen ausgeführt werden können.

Die schnelle Fouriertransformation (Fast Fourier Transform oder FFT) ist nur ein Algorithmus, der konsequent alle Symmetrien der diskreten Fouriertransformation ausnützt. Die diskrete Fouriertransformation und ihre inverse Transformation werden dadurch besonders schnell durchführbar.

Durch diese schnelle Fouriertransformation und den Einsatz schneller Rechner sind Signalbearbeitungen in Echtzeit möglich.

Der Fouriertransformation werden damit viele interessante Anwendungsgebiete erschlossen.

4 Laplace - Transformation

4.1 Definition der Laplace-Transformation

Da in der Elektrotechnik immer nur Zeitfunktionen von einem Zeitpunkt $t = 0$ (z. B. dem Schaltzeitpunkt) an interessieren, auch wenn Anfangsbedingungen (z. B. Spannungen an Kondensatoren) aus der Vergangenheit des Systems vorhanden sind, wollen wir im Rahmen der Laplace-Transformation **nur** kausale Zeitfunktionen betrachten.

Definition 4.1:

Eine Funktion $f(t)$ heißt **kausale Zeitfunktion**, wenn für alle $t < 0$ gilt:

$$f(t) = 0$$

Betrachten wir **nur** kausale Zeitfunktionen, so können wir die folgende Definition der einseitigen Laplace-Transformation geben, bei der die Integration über den Zeitbereich mit der unteren Grenze bei $t = 0$ beginnt.

Definition 4.2:

Unter der **Laplace-Transformierten** der kausalen Zeitfunktion $f(t)$ versteht man die durch die Funktionaltransformation

$$F(s) = \int_0^\infty f(t)\,e^{-st}\,dt \qquad (4.1)$$

definierte Funktion $F(s)$. Hierbei ist $s = \sigma + j\omega$ eine komplexe Variable.

Im Unterschied zu der im Abschn. 3 behandelten Fouriertransformation ist der dort rein imaginäre Exponent $- j\omega t$ des Exponentialfaktors durch einen komplexen Exponenten $-st = -(\sigma + j\omega)t$ ersetzt worden.

Wir werden sehen, dass gerade dadurch die Konvergenz des durch die Gl. (4.1) definierten Laplace-Integrals für alle in der Praxis vorkommenden Zeitfunktionen erreicht werden kann.

Für alle in der Praxis auftretenden Zeitfunktionen existiert dadurch eine Laplace-Transformierte.

Das Laplace-Integral

$$\int_0^\infty f(t)\,e^{-st}\,dt = \int_0^\infty f(t)\,e^{-\sigma t}\,e^{-j\omega t}\,dt$$

konvergiert nach Satz 2.1, wenn die Funktion

$$g(t) = f(t)\,e^{-\sigma t}$$

absolut integrierbar ist. $F(s)$ ist dann die Fouriertransformierte der Zeitfunktion $g(t)$. Die Funktion $g(t) = f(t)\,e^{-\sigma t}$ ist absolut integrierbar, wenn $f(t)$ nicht stärker ansteigt als eine Exponentialfunktion. Mit einem geeignet gewähltem σ kann erreicht werden, dass der Faktor $e^{-\sigma t}$ selbst bei einer exponentiell ansteigenden Funktion $f(t)$ überwiegt, sodass

$$\lim_{t \to 0} f(t)e^{-\sigma t} = 0$$

ist. Wir können daher feststellen:

Das Laplace-Integral konvergiert, es existiert also eine Laplace-Transformierte $F(s)$, wenn die Originalfunktion $f(t)$ nicht stärker ansteigt, als eine Exponentialfunktion.

Diese Bedingung kann bei einem geeignet gewählten $\sigma > \beta$ für alle in den Anwendungen vorkommenden Zeitfunktionen erfüllt werden.

Die **Konvergenzabszisse** β ist durch die Art der betrachten Zeitfunktion $f(t)$ bestimmt.

Insbesondere bei den Anwendungen der Laplace-Transformation ist auch die **Dimension der Laplace-Transformierten**

$$F(s) = \int_0^\infty f(t)\,e^{-st}\,dt$$

von Interesse. Die Variable $s = \sigma + j\omega$ hat die Dimension einer Kreisfrequenz, also die Dimension $\sec^{-1}$. Der Faktor e^{-st} des Integranden von Gl. (4.1) ist dimensionslos.

Durch die Integration über den Zeitbereich, die ja eine Aufsummierung infinitesimal kleiner Elemente $f(t)e^{-st}dt$ bedeutet, kommt zur Dimension der Zeitfunktion $f(t)$ noch die Dimension des Differentials dt hinzu.

Die Laplace-Transformierte $U(s)$ einer Spannung $u(t)$, nämlich

$$U(s) = \int_0^\infty u(t)\,e^{-st}\,dt$$

hat demnach die Dimension Vsec, die Laplace-Transformierte $I(s)$ eines Stromes $i(t)$ analog die Dimension Asec.

In diesem Zusammenhang sei auf eine manchmal verwendete etwas modifizierte Laplace-Transformation, die **Carson-Transformation** hingewiesen, bei der die Bildfunktion durch

$$F(s) = s \int_0^\infty f(t)\,e^{-st}\,dt$$

definiert ist. Wegen des zusätzliches Faktors s der Dimension $\sec^{-1}$ hat bei der Carson-Transformation die Bildfunktion $F(s)$ stets die gleiche Dimension wie die Originalfunktion $f(t)$.

Geschichtliche Anmerkung

Der bekannte französische Mathematiker Pierre Simon Marquis de Laplace (1749 - 1827) ist nicht Begründer der Laplace-Transformation. Das zur Definition der Laplace-Transformation verwendete Integral ist dem Typ nach ein sogenanntes "Laplace-Integral".
Die Laplace-Transformation ist eine Weiterentwicklung einer Operatorenrechnung des Engländers Oliver Heaviside (1850 - 1925). Die Heaviside'sche Operatorenrechnung wurde zum Lösen von Differentialgleichungen verwendet. Es entstanden bei der Anwendung oft Schwierigkeiten, da sie mathematisch nicht ausreichend begründet war.
Bei der Weiterentwicklung der Heaviside'schen Operatorenrechnung zur heutigen Laplace-Transformation haben sich von den deutschen Wissenschaftlern besonders K.W. Wagner und Gustav Doetsch große Verdienste erworben.

Beispiel 4.1. Es soll die Laplace-Transformierte $F(s)$ der Zeitfunktion $f(t) = t$ berechnet werden.

Für die kausale Zeitfunktion $f(t) = t$ gilt $f(t) = \begin{cases} t & \text{für} \quad t \geq 0 \\ 0 & \text{für} \quad t < 0 \end{cases}$.

Durch eine partielle Integration mit

$$u = t \rightarrow u' = 1 \quad \text{und} \quad v' = e^{-st} \Rightarrow v = \frac{e^{-st}}{-s} \quad \text{erhält man}$$

$$F(s) = \int\limits_{0}^{\infty} t\,e^{-st}dt = \left[\frac{t\,e^{-st}}{-s}\right]_{0}^{\infty} + \frac{1}{s}\int\limits_{0}^{\infty} e^{-st}dt = \left[-\frac{t\,e^{-st}}{s} - \frac{e^{-st}}{s^2}\right]_{0}^{\infty} = \frac{1}{s^2}$$

Dabei wird vorausgesetzt, dass der Grenzwert

$$\lim_{t \to \infty} e^{-st} = \lim_{t \to \infty} e^{-\sigma t}e^{-j\omega t} = 0$$

existiert. Dies ist für Re $s = \sigma > 0$ der Fall. Bei dieser Zeitfunktion $f(t)$ ist demnach die Konvergenzabszisse $\beta = 0$.

Die Laplace-Transformierte $F(s)$ existiert in einem Gebiet der komplexen s-Ebene, das durch Re $s > 0$ bestimmt ist. Es handelt sich hierbei um eine Halbebene, die sogenannte **Konvergenzhalbebene** der Bildfunktion.

In Bild 4.1 sind die kausale Zeitfunktion $f(t) = t$ und die Konvergenzhalbebene ihrer Laplace-Transformierten $F(s)$ dargestellt. Die komplexwertige Funktion $F(s)$ hat an der Stelle $s = 0$ einen Pol zweiter Ordnung und ist für alle $s \neq 0$ definiert. Sie ist aber nur in der Konvergenzhalbebene $\sigma > 0$ Lapalce-Transformierte der kausalen Zeitfunktion $f(t) = t$.

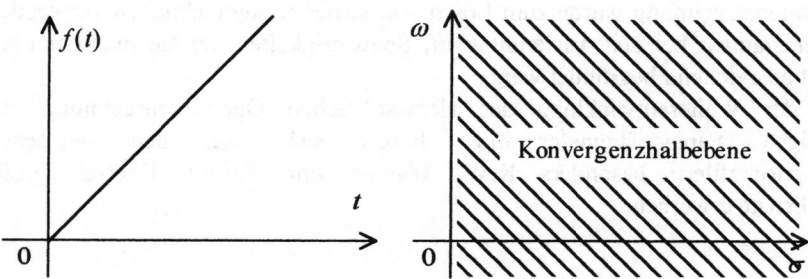

Bild 4.1 Zeitfunktion $f(t)$ und Konvergenzhalbebene der Bildfunktion $F(s)$ von
Beispiel 4.1

4.2 Inverse Laplace-Transformation

Satz 4.1:

Die inverse Laplace-Transformation, die eine Bildfunktion $F(s)$ in die zugehörige Originalfunktion $f(t)$ abbildet, ist durch die **komplexe Umkehrformel**

$$f(t) = \frac{1}{2\pi j} \int_{\sigma_0 - j\infty}^{\sigma_0 + j\infty} F(s) e^{st} ds \tag{4.2}$$

gegeben.

Beweis: Nach der Definition der Laplace-Transformation gemäß Gl. (4.1) gilt

$$F(s) = \int_0^\infty f(t) e^{-st} dt = \int_0^\infty f(t) e^{-\sigma t} e^{-j\omega t} dt$$

Ein Vergleich mit der Definition der Spektralfunktion durch Gl. (2.7) zeigt, dass die Laplace-Transformierte $F(s)$ der Zeitfunktion $f(t)$ Spektralfunktion (Fouriertransformierte) der Zeitfunktion $g(t) = f(t) e^{-\sigma t}$ ist.

Mit dem Fourierintegral (Gl. (2.9)) erhält man

$$f(t) e^{-\sigma t} = \frac{1}{2\pi} \int_{-\infty}^\infty F(s) e^{j\omega t} d\omega$$

Multipliziert man diese Gleichung mit dem Faktor $e^{\sigma t}$, so ergibt sich

$$f(t) = \frac{1}{2\pi} \int_{-\infty}^\infty F(s) e^{\sigma t} e^{j\omega t} d\omega = \frac{1}{2\pi} \int_{-\infty}^\infty F(s) e^{st} d\omega$$

Da bei dieser Integration nur ω variabel, $\sigma = \sigma_0 > \beta$ konstant ist, also einen in der Konvergenzhalbebene liegenden festen Wert annimmt, folgt mit $ds = j d\omega$ schließlich Gl. (4.2). Zu einer vorgegebenen Originalfunktion $f(t)$ liefert die durch Gl. (4.1) definierte Laplace-Transformation, die Konvergenz des Laplace-Integrals vorausgesetzt, eindeutig eine Bildfunktion $F(s)$. Es ist aber auch von Interesse, ob die durch Gl. (4.2) beschriebene inverse Laplace-Transformation ebenfalls eindeutig ist.

Nun haben aber etwa die im Bild 4.2 dargestellten Zeitfunktionen

$$f_1(t)=t \quad \text{und} \quad f_2(t)=\begin{cases} t & \text{für } t \neq 2\,\text{sec} \\ 3 & \text{für } t = 2\,\text{sec} \end{cases}$$

die gleiche Bildfunktion $F(s) = \int\limits_0^\infty f_1(t)\,e^{-st}dt = \int\limits_0^\infty f_2(t)\,e^{-st}dt = \dfrac{1}{s^2}$

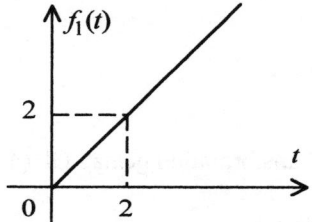 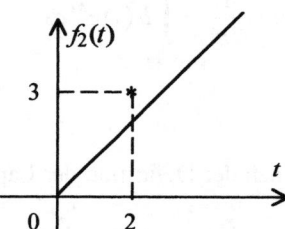

Bild 4.2 Zeitfunktionen $f_1(t)$ und $f_2(t)$, die sich für die Zeit $t = 2$ sec in ihren
Funktionswerten unterscheiden

Die Zeitfunktionen $f_1(t)$ und $f_2(t)$ besitzen die gleiche Bildfunktion $F(s)$. Sie unterscheiden sich nur durch eine Nullfunktion. Eine Nullfunktion $N(t)$ ist eine Funktion, für die

$$\int\limits_0^t N(\tau)d\tau = 0 \quad \text{für alle Zeitpunkte } t > 0$$

ist. Unterscheiden sich Zeitfunktionen nur um Nullfunktionen, so werden ihnen durch die Laplace-Transformation gleiche Bildfunktionen zugeordnet. Die durch die komplexe Umkehrformel beschriebene inverse Laplace-Transformation liefert daher eine Zeitfunktion, die sich höchstens um eine Nullfunktion von der Originalfunktion unterscheiden kann.
Wir erhalten somit den folgenden **Eindeutigkeitssatz**:

Satz 4.2:
Stimmen die Bildfunktionen zweier Originalfunktionen in einer Halbebene Re $s > \beta$ überein, so unterscheiden sich die Originalfunktionen höchstens um eine Nullfunktion.

Beschränken wir uns auf **stetige** Originalfunktionen, so erhält der **Eindeutigkeitssatz** die folgende Form:

Satz 4.3:

Stimmen die Bildfunktionen zweier stetiger Originalfunktionen in einer Halbebene Re $s > \beta$ überein, so sind die Originalfunktionen identisch.

Zur Berechnung der Originalfunktion $f(t)$ aus einer gegebenen Bildfunktion $F(s)$ mit der komplexen Umkehrformel

$$f(t) = \frac{1}{2\pi j} \int\limits_{\sigma_0 - j\infty}^{\sigma_0 + j\infty} F(s)\, e^{st}\, ds$$

ist als Integrationsweg in der komplexen s-Ebene eine in der Konvergenzhalbebene liegende Parallele zur imaginären Achse zu wählen.

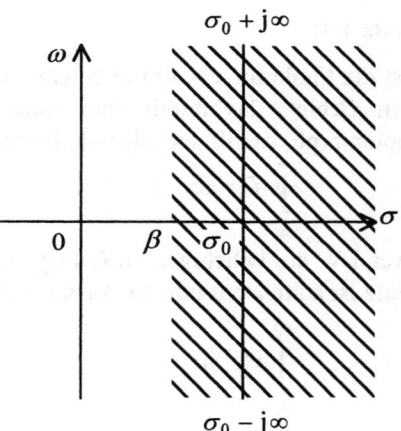

Bild 4.3 Integrationsweg W

Zur inversen Laplace-Transformation mit Hilfe der komplexen Umkehrformel ist die Kenntnis einiger **Sätze der Analysis komplexwertiger Funktionen** notwendig. Diese Sätze der Funktionentheorie sollen im folgenden ohne Beweis angegeben werden.

Definition 4.3:

a) Eine Vorschrift, die jedem Element $z = x + jy$ eines Gebietes der z - Ebene eine komplexe Zahl $w = u + jv$ zuordnet, heißt **Funktion** $w = f(z)$ der komplexen Variablen z.

b) Eine Funktion $w = f(z)$ heißt in **einem Punkt** z_0 **regulär** oder **holomorph**, wenn sie in jedem Punkt z einer Umgebung von z_0 diffenrenzierbar ist, d.h., die Ableitung

$$f'(z) = \lim_{\Delta z \to 0} \frac{f(z + \Delta z) - f(z)}{\Delta z} \quad \text{existiert.}$$

c) Eine Funktion $w = f(z)$ heißt **in einem Gebiet G** der komplexen z-Ebene **holomorph** oder **regulär**, wenn sie an jeder Stelle des Gebietes G differenzierbar ist.

d) Stellen, an denen eine Funktion $w = f(z)$ nicht regulär ist, heißen **singuläre Stellen**.

Zur inversen Laplace-Transformation mit dem komplexen Umkehrintegral sind insbesondere einige **Integralsätze der komplexen Analysis** wichtig. Die wichtigsten Integralsätze sollen im folgenden ohne Beweis angeführt werden.

Satz 4.4:

Ist die Funktion $w = f(z)$ in einem einfach zusammenhängenden Gebiet, das ist ein Gebiet, das durch eine einfache Kurve abgeschlossen werden kann, holomorph, so gilt der folgende **Integralsatz von Cauchy:**

$$\oint_W f(z)\,dz = 0 , \qquad (4.3)$$

wenn W ein beliebiger, in G liegender, einfach geschlossener Weg ist. Dieser Satz ist äquivalent mit der Aussage, dass das bestimmte Integral

$$\int_{z_1}^{z_2} f(z)\,dz$$

einen vom Integrationsweg von z_1 nach z_2 unabhängigen Wert hat.

Der Integralsatz von Cauchy wird auch als **Hauptsatz der Funktionentheorie** (Theorie der komplexwertigen Funktionen) bezeichnet. Wesentlich ist die Beschränkung auf ein einfach zusammenhängendes Gebiet, in dem die Funktion $f(z)$ holomorph ist.
Umfasst der geschlossene Weg W singuläre Stellen von $f(z)$, so hat das Umlaufsintegral im allgemeinen einen von Null verschiedenen Wert (Satz 4.7).

Satz 4.5:

Unter den gleichen Voraussetzungen wie beim Integralsatz von Cauchy (Satz 4.4) gelten die folgenden **Integralformeln von Cauchy**

$$f(z_0) = \frac{1}{2\pi j} \oint_W \frac{f(z)}{z - z_0}\,dz \qquad (4.4)$$

$$f^{(n)}(z_0) = \frac{n!}{2\pi j} \oint_W \frac{f(z)}{(z - z_0)^{n+1}}\,dz \qquad (4.5)$$

Der Punkt z_0 liegt im Inneren des im positiven Sinn (Gegenuhrzeigersinn) durchlaufenen geschlossenen Weges W.

Die Integralformeln von Cauchy
machen die bemerkenswerte Aussage,
dass die Funktionswerte und die Werte
der Ableitungen einer regulären
Funktion im Inneren einer geschlossenen Kurve W durch die Werte der
Funktion auf dieser Kurve bestimmt
sind.

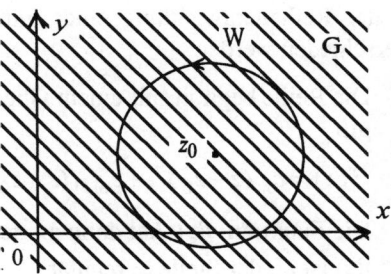

Bild 4.4 Integrationsweg W

Ist die komplexwertige Funktion $f(z)$ in einem Gebiet G der komplexen Ebene
regulär, d.h. überall differenzierbar, so folgt aus Gl. (4.5), dass sie dort beliebig
oft differenzierbar ist.

Ähnlich, wie in der reellen Analysis, kann auch eine Funktion $f(z)$ einer
komplexen Variablen z an einer Stelle $z = z_0$ in eine Potenzreihe entwickelt
werden.

Dabei gilt der folgende Satz:

Satz 4.6:

a) Die durch die **Laurent-Reihe**

$$f(z) = \sum_{n=-\infty}^{\infty} c_n (z - z_0)^n \tag{4.6}$$

mit den komplexen Koeffizienten

$$c_n = \frac{1}{2\pi j} \oint_w \frac{f(z)}{(z - z_0)^{n+1}} dz \tag{4.7}$$

dargestellte Funktion $f(z)$ konvergiert, wenn überhaupt, stets in einem
Kreisringgebiet und stellt dort eine reguläre Funktion dar.

b) Jede in einem Kreisringgebiet reguläre Funktion $f(z)$ kann in eine Laurent-
Reihe entwickelt werden

Bei der Reihenentwicklung einer Funktion $f(z)$ können die folgenden Fälle unterschieden werden:

1. Die Reihe beginnt mit einem Glied, das einen positiven Index hat, d.h., es gilt

$$f(z) = c_m (z - z_0)^m + c_{m+1}(z - z_0)^{m+1} + c_{m+2}(z - z_0)^{m+2} + \cdots$$

Die Funktion $f(z)$ hat dann an der Stelle $z = z_0$ eine **m-fache Nullstelle**. $f(z)$ ist an der Stelle z_0 regulär.

2. Die Reihe beginnt mit einem Glied, das einen negativen Index hat.

$$f(z) = \frac{c_{-n}}{(z - z_0)^n} + \cdots + \frac{c_{-1}}{(z - z_0)} + c_0 + c_1(z - z_0) + c_2(z - z_0)^2 + \cdots$$

Die an der Stelle $z = z_0$ vorliegende Singularität heißt **Pol n-ter Ordnung**. Die Funktion $(z - z_0)^n f(z)$ ist für $z = z_0$ regulär.

3. Besitzt die Reihe kein erstes Glied, so hat die durch die Laurent-Reihe dargestellte Funktion $f(z)$ an der Stelle z_0 einen Pol "unendlich hoher Ordnung".
    Die Stelle $z = z_0$ ist eine **wesentlich singuläre Stelle**.
    So ist z.B. die Funktion

$$e^{\frac{1}{z}} = 1 + \frac{1}{z} + \frac{1}{2!z^2} + \frac{1}{3!z^3} + \cdots + \frac{1}{k!z^k} + \cdots$$

an der Stelle $z = 0$ wesentlich singulär.

Wir betrachten nun Funktionen $f(z)$, die bis auf **endlich viele isolierte Pole regulär** sind.

An der Stelle $z = z_0$ sei ein Pol n-ter Ordnung und wir wollen das Umlaufintegral

$$\oint_W f(z)dz$$

berechnen, wobei der Integrationsweg W ein im positiven Sinn durchlaufener, geschlossener Weg um die Polstelle z_0 ist.

Die Funktion $f(z)$ sei bis auf diese Polstelle im Inneren und auf dem Weg W regulär. Für $f(z)$ gibt es dann die Laurent - Reihe:

$$f(z) = \frac{c_{-n}}{(z - z_0)^n} + \cdots + \frac{c_{-1}}{(z - z_0)} + c_0 + c_1(z - z_0) + c_2(z - z_0)^2 + \cdots$$

Mit dieser Reihendarstellung folgt für das gesuchte Integral

$$\oint_W f(z)dz = c_{-n}\oint_W \frac{1}{(z-z_0)^n}dz + \cdots + c_{-1}\oint_W \frac{1}{z-z_0}dz + c_0\oint_W dz + c_1\oint_W (z-z_0)dz + \cdots$$

$$(4.8)$$

Setzt man in die Gleichungen (4.4) und (4.5) die überall reguläre Funktion $f(z) = 1$ ein, so erhält man

$$\oint_W \frac{1}{(z-z_0)^n}dz = \begin{cases} 2\pi\,\mathrm{j} & \text{für } n = 1 \\ 0 & \text{für } n \neq 1 \end{cases} \qquad (4.9)$$

Gl. (4.8) geht damit über in

$$\oint_W f(z)dz = 2\pi\,\mathrm{j}\,c_{-1} \quad \text{bzw.} \quad \frac{1}{2\pi\,\mathrm{j}}\oint_W f(z)dz = c_{-1} \qquad (4.10)$$

Von Gl. (4.8) ist also nur Gl. (4.10) "übrig geblieben". Man nennt daher den Koeffizienten c_{-1} das "Residuum" der Funktion $f(z)$ an der Stelle $z = z_0$.

Definition 4.4:

Unter dem **Residuum der Funktion $f(z)$ an der Stelle $z = z_0$** versteht man

$$\operatorname*{Res}_{z=z_0}\{f(z)\} = \frac{1}{2\pi\mathrm{j}}\oint_W f(z)dz = c_{-1} \qquad (4.11)$$

Der Integrationsweg W ist dabei ein geschlossener, im positiven Sinn durchlaufener Weg um die Polstelle bei $z = z_0$

Ist z_0 eine Stelle, an der die Funktion $f(z)$ regulär ist, so folgt aus dem Integralsatz von Cauchy, dass das Residuum der Funktion $f(z)$ in einem solchen Holomorphiepunkt den Wert Null hat.
Wir können nun den für die Integration im Komplexen so wichtigen **Residuensatz** angeben.

Satz 4.7:

Umfasst der im positiven Umlaufssinn geschlossene Integrationsweg W die isolierten Pole $z_1, z_2, \cdots, z_n$, so gilt der folgende **Residuensatz**

$$\frac{1}{2\pi j} \oint_W f(z)dz = \sum_{k=1}^{n} \operatorname*{Res}_{z=z_k} \{f(z)\} \qquad (4.12)$$

Zur Berechnung der Residuen einer Funktion kann man nach Gl.(4.11) das Residuum der Funktion $f(z)$ an der Stelle z_0 durch den Koeffizienten c_{-1} der Laurent-Reihenentwicklung an der Stelle z_0 angeben. Dazu muss aber die Reihenentwicklung zuerst durchgeführt werden. Einfacher wird daher in vielen Fällen der folgende Weg sein, die Residuen einer Funktion zu bestimmen.

Satz 4.8:

a) Es sei die Stelle $z = z_0$ eine **einfache Polstelle** der Funktion $f(z)$. Dann gilt
    für das Residuum der Funktion an dieser einfachen Polstelle z_0

$$\operatorname*{Res}_{z=z_0} \{f(z)\} = [(z-z_0)f(z)]_{z=z_0} \qquad (4.13)$$

b) An der Stelle $z = z_0$ sei ein **n-facher Pol** der Funktion $f(z)$. Dann gilt

$$\operatorname*{Res}_{z=z_0} \{f(z)\} = \frac{1}{(n-1)!} \left[\frac{d^{n-1}}{dz^{n-1}} \left\{ (z-z_0)^n f(z) \right\} \right]_{z=z_0} \qquad (4.14)$$

Beweis

1. An der Stelle $z - z_0$ sei ein einfacher Pol der Funktion. Für die Laurent-Reihe gilt dann

$$f(z) = \frac{c_{-1}}{z-z_0} + c_0 + c_1(z-z_0) + c_2(z-z_0)^2 + \cdots$$

Die Funktion

$$(z-z_0)f(z) = c_{-1} + c_0(z-z_0) + c_1(z-z_0)^2 + c_2(z-z_0)^3 + \cdots$$

ist an der Stelle z_0 regulär. Setzt man für z den Wert z_0 ein, so erhält man die zu beweisende Aussage. Da der Ausdruck $(z-z_0)f(z)$ für $z - z_0$ unbestimmt von der Form $0 \times \infty$ ist, bedeutet dies genauer ausgedrückt

$$\lim_{z \to z_0} (z-z_0)f(z) = c_{-1}$$

2. An der Stelle $z = z_0$ sei ein n-facher Pol. Die für z_0 reguläre Funktion $(z - z_0)^n f(z)$ hat die Reihendarstellung

$$(z - z_0)^n f(z) = c_{-n} + c_{n-1}(z - z_0) + \cdots + c_{-1}(z - z_0)^{n-1} + c_0(z - z_0)^n + \cdots$$

Durch $(n - 1)$-maliges Differenzieren erhält man

$$\frac{d^{n-1}}{dz^{n-1}}\left\{(z - z_0)^n f(z)\right\} = (n-1)!\,c_{-1} + n!\,c_0(z - z_0) + \text{Glieder mit höheren}$$

Potenzen von $z - z_0$

Setzt man in die letzte Gleichung für z den Wert z_0 ein, so erhält man die zu beweisende Aussage.

$$\operatorname*{Res}_{z = z_0}\left\{ f(z) \right\} = c_{-1} = \frac{1}{(n-1)!}\left[\frac{d^{n-1}}{dz^{n-1}}\left\{(z - z_0)^n f(z)\right\}\right]_{z = z_0}$$

Beispiel 4.2. Man bestimme für die Funktion $f(z) = \dfrac{1}{z(z-1)^2}$ die Residuen an den Polstellen.

Die Stelle $z = 0$ ist eine einfache Polstelle der Funktion und man erhält mit Gl. (4.13)

$$\operatorname*{Res}_{z = 0}\left\{ f(z) \right\} = \left[z\,f(z) \right]_{z=0} = \left[\frac{1}{(z-1)^2} \right]_{z=0} = 1$$

Die gegebene Funktion $f(z)$ hat an der Stelle $z = 1$ einen Pol 2. Ordnung. Gl. (4.14) liefert

$$\operatorname*{Res}_{z = 1}\left\{ f(z) \right\} = \frac{1}{1!}\left[\frac{d}{dz}\left\{\frac{1}{z}\right\}\right]_{z=1} = -\left[\frac{1}{z^2}\right]_{z=1} = -1$$

Wir wollen nun den Residuensatz verwenden, um die inverse Laplace-Transformation mit Hilfe der komplexen Umkehrformel nach Gl. (4.2) vorzunehmen.

Es soll hier nur an einigen Beispielen gezeigt werden, wie auf diese Weise aus einer gegebenen Bildfunktion $F(s)$ die Originalfunktion $f(t)$ berechnet werden kann. Das praxisgerechtere Verfahren besteht in der Verwendung von Transformationsregeln und Korrespondenzen, die im nächsten Abschnitt besprochen werden.

Satz 4.9:

Es sei $F(s)$ die Bildfunktion einer Originalfunktion $f(t)$. $F(s)$ habe die endlich vielen isolierten Pole $s_1, s_2, \ldots, s_n$ und es sei ferner $\lim\limits_{s \to \infty} \big| F(s) \big| = 0$.

Dann gilt $\quad f(t) = \sum\limits_{k=1}^{n} \operatorname*{Res}\limits_{s = s_k} \left\{ F(s) e^{st} \right\}$ (4.15)

Beweis:

Zum Beweis wählen wir als Integrationsweg den in der komplexen s - Ebene liegenden Weg $W = W_1 + W_2$ der alle Polstellen der Funktion $F(s)$ und damit auch alle Pole von $F(s)e^{st}$ umfasst, da der Faktor e^{st} selbst im Endlichen keine Pole besitzt.

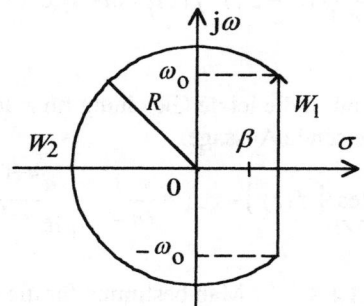

Bild 4.5 Integrationsweg

Mit dem Residuensatz erhält man

$$\frac{1}{2\pi j} \oint\limits_{W} F(s)\, e^{st}\, ds = \frac{1}{2\pi j} \int\limits_{\sigma_o - j\omega_o}^{\sigma_o + j\omega_o} F(s)\, e^{st}\, ds + \frac{1}{2\pi j} \int\limits_{W_2} F(s)\, e^{st}\, ds =$$

$$= \sum\limits_{k=1}^{n} \operatorname*{Res}\limits_{s = s_k} \left\{ F(s)\, e^{st} \right\}$$ (4.16)

Im Grenzfall $\omega_0 \to \infty$ und damit auch $R \to \infty$ gilt

$$\lim\limits_{R \to \infty} \int\limits_{W_2} F(s)\, e^{st}\, ds = 0 \, .$$

Es gilt $\lim\limits_{s \to \infty} \big| F(s) \big| = 0$, da der Betrag des Faktors $e^{st} = e^{\sigma t} e^{j\omega t}$ auf dem Weg W_2 wegen $\sigma \leq \sigma_0$ beschränkt bleibt.

Im Grenzfall $\omega_0 \to \infty$ geht Gl. (4.16) in die komplexe Umkehrformel (Gl. (4.2)) über und wir erhalten damit die Aussage von Satz 4.9.

Beispiel 4.3. Gegeben ist die Bildfunktion $F(s) = \dfrac{1}{s-a}$. Es soll die zugehörige Originalfunktion $f(t)$ bestimmt werden.

Die Bildfunktion $F(s)$ hat an der Stelle $s = a$ einen einfachen Pol.

Die Voraussetzung von Gl. (4.16), nämlich $\lim\limits_{s \to \infty} |F(s)| = 0$ ist hier erfüllt und wir erhalten daher mit Gl. (4.13)

$$f(t) = \operatorname*{Res}_{s=a} \left\{ F(s)e^{st} \right\} = \left\{ (s-a)F(s)e^{st} \right\}_{s=a} = \left\{ e^{st} \right\}_{s=a} = e^{at}$$

Wir haben damit ein Paar von Funktionen gefunden, die sich bezüglich der Laplace-Transformation entsprechen.

Der Zeitfunktion $f(t) = e^{at}$ entspricht die Laplace-Transformierte

$$F(s) = \frac{1}{s-a}.$$

Beispiel 4.4. Gegeben ist die Laplace-Transformierte $F(s) = \dfrac{1}{s^2}$.

Es soll die zugehörige Originalfunktion $f(t)$ bestimmt werden.

Die Bildfunktion hat an der Stelle $s = 0$ einen zweifachen Pol. Da die Voraussetzung $\lim\limits_{s \to \infty} |F(s)| = 0$ erfüllt ist, erhält man mit Gl. (4.14)

$$f(t) = \operatorname*{Res}_{s=0} \left\{ F(s)e^{st} \right\} = \frac{d}{ds} \left[s^2 F(s)e^{st} \right]_{s=0} = \frac{d}{ds} \left[e^{st} \right]_{s=0} = \left[t\, e^{st} \right]_{s=0} = t$$

Beispiel 4.5. Man berechne die Originalfunktion $f(t)$ zur Bildfunktion

$$F(s) = \frac{1}{s^2 + 1}.$$

Die Bildfunktion (Laplace-Transformierte) $F(s) = \dfrac{1}{s^2 + 1} = \dfrac{1}{(s-j)(s+j)}$

hat an den Stellen $s_1 = j$ und $s_2 = -j$ einen einfachen Pol.

Die Voraussetzungen für die Anwendbarkeit von Gl. (4.15) sind gegeben. Mit Gl. (4.13) erhalten wir

$$f(t) = \operatorname*{Res}_{s=j}\left\{\frac{e^{st}}{(s-j)(s+j)}\right\} + \operatorname*{Res}_{s=-j}\left\{\frac{e^{st}}{(s-j)(s+j)}\right\} = \left[\frac{e^{st}}{s+j}\right]_{s=j} + \left[\frac{e^{st}}{s-j}\right]_{s=-j}$$

$$= \frac{1}{2j}e^{jt} - \frac{1}{2j}e^{-jt} = \frac{1}{2j}\left[e^{jt} - e^{-jt}\right] = \sin(t)$$

$$F(s) = \frac{1}{s^2+1} \quad \Leftrightarrow \quad f(t) = \sin(\omega t)$$

Die Funktionen $F(s) = \dfrac{1}{s^2+1}$ und $f(t) = \sin(\omega t)$ bilden ein Paar von einander bezüglich der Laplace-Transformation "entsprechenden" Funktionen.

Übungsaufgaben zum Abschnitt 4.2 (Lösungen im Anhang)

Beispiel 4.6.

a) Es soll das Umlaufsintegral

$$\oint_w \frac{1}{z-2}\,dz$$

berechnet werden, wobei als Integrationsweg W ein Kreis vom Radius r um die Polstelle $z = 2$ zu wählen ist. Hinweis: Auf dem Kreis gilt

$$z - 2 = r\,e^{j\alpha}$$

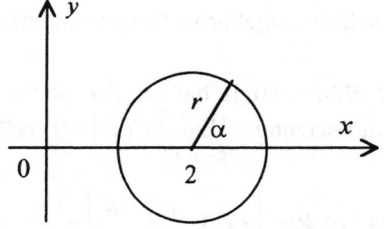

Bild 4.6 Integrationsweg

b) Berechnen Sie das Residuum der Funktion

$$f(z) = \frac{1}{z-2}$$

an der Polstelle $z = 2$.

Beispiel 4.7: Man berechne die Residuen der Funktion

$$f(z) = \frac{1}{(z+1)(z-1)^3}$$

an ihren Polstellen.

Beispiel 4.8: Man berechne zu den folgenden Bildfunktionen die zugehörigen Originalfunktionen $f(t)$

a) $F(s) = \dfrac{1}{(s-1)(s-2)}$

b) $F(s) = \dfrac{2s+1}{(s+1)^3}$

c) $F(s) = \dfrac{1}{s^2 - 1}$

d) $F(s) = \dfrac{s^3}{(s+3)^4}$

e) $F(s) = \dfrac{1}{s^2(s+1)^2}$

f) $F(s) = \dfrac{s+5}{(s+1)(s^2+1)}$

Beispiel 4.9: Gegeben ist die Bildfunktion $F(s) = \dfrac{1}{s^n}$, wobei der Exponent n eine natürliche Zahl ist. Es soll die zugehörige Originalfunktion $f(t)$ bestimmt werden.

Beispiel 4.10: Zur Bildfunktion $F(s) = \dfrac{1}{(s^2+1)^2} = \dfrac{1}{(s-j)^2(s+j)^2}$ soll die entsprechende Zeitfunktion $f(t)$ berechnet werden.

Beispiel 4.11: Gegeben ist die Bildfunktion $F(s) = \dfrac{s}{s^4 - 16}$.
Man berechne mit der komplexen Umkehrformel ihre Originalfunktion $f(t)$.

4.3 Transformationsregeln

Die Durchführung der Laplace-Transformation mit der Definitionsgleichung

$$F(s) = \int\limits_0^\infty f(t)\, e^{-st} dt \qquad\qquad (4.1)$$

und insbesondere auch die der inversen Laplace-Transformation mit der komplexen Umkehrformel

$$f(t) = \frac{1}{2\pi j} \int\limits_{\sigma_0-j\infty}^{\sigma_0+j\infty} F(s)\, e^{st} ds \qquad\qquad (4.2)$$

ist für die Anwendungen der Laplace-Transformation in der Technik im allgemeinen zu kompliziert.

Im Abschn. 4.2 haben wir die Berechnung des komplexen Umkehrintegrals mit Methoden der komplexen Analysis kennen gelernt. Die Verwendung dieser "Residuenmethode" soll daher hier nicht zum Prinzip der inversen Laplace-Transformation gemacht werden.

Um sowohl die Laplace-Transformation, als auch die inverse Laplace-Transformation einfacher durchführen zu können, werden wir **Transformationsregeln** herleiten.

Eine ähnliche Situation besteht auch in der Analysis. Dort werden die Ableitung einer Funktion als Grenzwert eines Differenzenquotienten, das bestimmte Integral als Grenzwert einer Summe definiert, für praktische Rechnungen aber macht man von den wesentlich einfacheren Differentiations- bzw. Integrationsregeln Gebrauch. Ähnlich wollen wir auch hier vorgehen.

Auf die Verwendung von umfangreichen Korrespondenztabellen soll zunächst verzichtet werden. Wir werden erkennen, dass neben den Transformations-regeln nur wenige Grundkorrespondenzen für sehr viele Anwendungen genügen.

Wir werden im folgenden u.a. die Schreibweisen verwenden.

$$F(s) = L\{ f(t) \} \qquad\qquad F(s) \text{ ist die Laplace-Transformierte der Funktion } f(t),$$

$$f(t) = L^{-1}\{ F(s) \} \qquad\qquad f(t) \text{ entsteht durch inverse Laplace-Transformation aus } F(s),$$

Da die Funktionen $f(t)$ und ihre Laplace-Transformierte $F(s)$ sich bezüglich der Laplace-Transformation "entsprechen", wird der zwischen ihnen vorhandene Zusammenhang nach DIN 5487 symbolisch durch ein "Korrespondenzzeichen" ausgedrückt.

Als Korrespondenzzeichen verwendet man ●—○ bzw. ○—●. Der ausgefüllte (schwarze) kleine Kreis steht dabei immer auf der Seite der Bildfunktion $F(s)$.

$F(s)$ ●—○ $f(t)$ bedeutet, $F(s)$ ist die Laplace-Transformierte von $f(t)$ bzw. $f(t)$ ist die Originalfunktion zu $F(s)$.

Jede Korrespondenz kann von rechts nach links, aber auch von links nach rechts gelesen werden. So bedeutet die Korrespondenz

$$t \circ\!\!-\!\!\bullet \frac{1}{s^2}$$

Der Zeitfunktion $f(t) = t$ entspricht die Bildfunktion $F(s) = \dfrac{1}{s^2}$ und der

Bildfunktion $F(s) = \dfrac{1}{s^2}$ entspricht im Zeitbereich die Funktion $f(t) = t$.

4.3.1 Laplace-Transformierte elementarer Zeitfunktionen

a) Laplace-Transformierte der Sprungfunktion

Die Sprungfunktion (Einheitssprung) $\varepsilon(t)$ ist definiert durch

$$\varepsilon(t) = \begin{cases} 0 & \text{für } t < 0 \\ 1 & \text{für } t > 0 \end{cases}$$

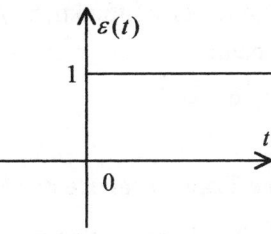

Bild 4.7 Sprungfunktion $\varepsilon(t)$

Für die Zeit $t = 0$ ist durch diese Definition keine Aussage über die Sprungfunktion gemacht.

Die Sprungfunktion tritt insbesondere bei den Anwendungen der Laplace-Transformation in der Elektrotechnik häufig auf. Sie beschreibt etwa einen idealisierten Einschaltvorgang einer Gleichspannung von 1 V zum Schaltzeitpunkt $t = 0$.

Zur Bestimmung der Laplace-Transformierten $F(s)$ der Sprungfunktion benutzen wir die Definitionsgleichung der Laplace-Transformation und erhalten

$$L\{\varepsilon(t)\} = \int_0^\infty e^{-st}\,dt = \left[\frac{e^{-st}}{-s}\right]_0^\infty = \frac{1}{s}$$

Zur Konvergenz des Integrals wird vorausgesetzt, dass für den Grenzwert gilt:

$$\lim_{t\to\infty} e^{-st} = \lim_{t\to\infty} e^{-\sigma t}\,e^{-j\omega t} = 0$$

Dies ist der Fall, wenn Re $s = \sigma > 0$ gewählt wird.

Für die Funktion $f(t) = \varepsilon(t)$ konvergiert das Laplace-Integral in der durch Re $s > 0$ bestimmten Halbebene.

Das dadurch definierte Gebiet der komplexen s-Ebene, heißt **Konvergenzhalbebene**.

Bild 4.8 Konvergenzhalbebene

Die Funktion $F(s) = \dfrac{1}{s}$ ist als komplexwertige Funktion zwar für alle $s \neq 0$ definiert, ist aber nur in der Konvergenzhalbebene Re $s > 0$ Laplace-Transformierte der Zeitfunktion $f(t) = \varepsilon(t)$. Wir erhalten damit die folgende Korrespondenz:

$$\varepsilon(t) \;\circ\!\!-\!\!\bullet\; \frac{1}{s} \tag{4.17}$$

b) Laplace Transformierte der Exponentialfunktion

Es soll die Laplace-Transformierte der Exponentialfunktion $f(t) = e^{at}$ bestimmt werden, wobei a eine beliebige komplexe Zahl sein kann.

Zur Berechnung der Laplace-Transformierten verwenden wir die Definitionsgleichung und erhalten

$$L\{e^{at}\} = \int_0^\infty e^{at}\,e^{-st}\,dt = \int_0^\infty e^{-(s-a)t}\,dt = \left[\frac{e^{-(s-a)t}}{-(s-a)}\right]_0^\infty = \frac{1}{s-a}$$

Zur Konvergenz des Laplace-Integrals muss vorausgesetzt werden, dass der Grenzwert

$$\lim_{t \to \infty} e^{-(s-a)t} = 0$$

ist. Diese Bedingung ist für

$$\text{Re}\,(s - a) = \sigma - \text{Re}\,a > 0$$

erfüllt.

Zur Zeitfunktion $f(t) = e^{at}$ existiert in der durch $\sigma > \text{Re}\,a$ definierten Konvergenzhalbebene eine Laplace-Transformierte.

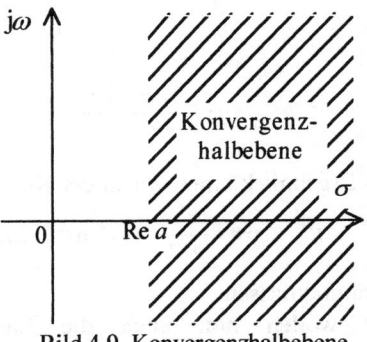

Bild 4.9 Konvergenzhalbebene

Es gilt daher die Korrespondenz

$$e^{at} \; \circ\!\!-\!\!\bullet \; \frac{1}{s - a} \tag{4.18}$$

c) Laplace-Transformierte der Potenzfunktion

Als Laplace-Transformierte der Potenzfunktion $f(t) = t^{n}$, wobei der Exponent n zunächst eine natürliche Zahl sein soll, erhält man mit der Definitionsgleichung der Laplace-Transformation durch eine partielle Integration mit

$$u = t^{n} \;\Rightarrow\; u' = nt^{n-1} \quad \text{und} \quad v' = e^{-st} \;\Rightarrow\; v = \frac{e^{-st}}{-s}$$

und damit

$$L\{t^{n}\} = \int_{0}^{\infty} t^{n}\, e^{-st}\, dt = \left[\frac{t^{n}e^{-st}}{-s}\right]_{0}^{\infty} + \frac{n}{s}\int_{0}^{\infty} t^{n-1}\, e^{-st}\, dt = \frac{n}{s}\int_{0}^{\infty} t^{n-1}\, e^{-st}\, dt$$

Zur Konvergenz des Integrals muss $\lim_{t \to \infty} t^{n}e^{-st} = 0$ angenommen werden.

Da die Exponentialfunktion gegenüber der Potenzfunktion überwiegt, ist dies für $\text{Re}\,s = \sigma > 0$ der Fall.

Dadurch ist die Konvergenzhalbebene ($\sigma > 0$) bestimmt, in welcher die Bildfunktion $F(s)$ der Zeitfunktion $f(t) = t^{n}$ existiert.

Unter dieser Voraussetzung erhalten wir durch wiederholte partielle Integration

$$L\left\{t^n\right\}= \int_0^\infty t^n\,e^{-st}dt = \frac{n}{s}\int_0^\infty t^{n-1}\,e^{-st}dt = \frac{n}{s}\frac{n-1}{s}\int_0^\infty t^{n-2}\,e^{-st}dt =$$

$$= \ldots = \frac{n}{s}\frac{n-1}{s}\frac{n-2}{s}\cdots\frac{2}{s}\frac{1}{s}\int_0^\infty e^{-st}dt = \frac{n!}{s^{n+1}}$$

Das Ergebnis können wir in der Korrespondenz

$$t^n \ \circ\!\!-\!\!\bullet \ \frac{n!}{s^{n+1}} \qquad n = 1,2,3,\cdots \tag{4.19}$$

zusammenfassen.

Wir wollen nun auch die Laplace-Transformierte der allgemeineren Potenzfunktion

$$f(t) = t^r$$

bestimmen, wobei r eine beliebige reelle Zahl ist, die der Bedingung $r > -1$ genügt. Diese Einschränkung auf reelle Zahlen $r > -1$ ist notwendig, weil anderenfalls das Laplace-Integral an der unteren Integrationsgrenze $t = 0$ nicht konvergiert.

Zur Berechnung der Laplace-Transformierten von $f(t) = t^r$ führen wir $u = st$ als neue Integrationsvariable ein. Damit erhalten wir

$$F(s) = \int_0^\infty t^r\,e^{-st}dt = \int_0^\infty \frac{u^r}{s^r}e^{-u}\frac{1}{s}du = s^{-(r+1)}\int_0^\infty u^r\,e^{-u}du \tag{4.20}$$

Unter Verwendung der **Gammafunktion**, die durch das Integral

$$\Gamma(z) = \int_0^\infty t^{z-1}\,e^{-t}dt \tag{4.21}$$

definiert ist, folgt aus Gl.(4.20)

$$L\left\{t^r\right\}= s^{-(r+1)}\Gamma(r+1) \qquad \text{und wir erhalten die Korrespondenz}$$

$$t^r \ \circ\!\!-\!\!\bullet \ \frac{\Gamma(r+1)}{s^{r+1}} \tag{4.22}$$

Die Zahlenwerte der Gammafunktion findet man in mathematischen Tabellenwerken und auf manchen Taschenrechnern.

Ausgehend von der Definitionsgleichung der Gammafunktion erhält man durch eine partielle Integration mit

$$u = t^{z-1} \Rightarrow u' = (z-1)t^{z-2} \quad \text{und} \quad v' = e^{-t} \Rightarrow v = -e^{-t}$$

$$\Gamma(z) = \int\limits_0^\infty t^{z-1} e^{-t} dt = \left[-t^{z-1} e^{-t} \right]_0^\infty + (z-1) \int\limits_0^\infty t^{z-2} e^{-t} dt = (z-1) \int\limits_0^\infty t^{z-2} e^{-t} dt$$

Wir erhalten somit für die Gammafunktion die **Rekursionsformel**

$$\Gamma(z) = (z-1)\Gamma(z-1) \tag{4.23}$$

d.h. eine Formel, die es gestattet, bei einem bekanntem Funktionswert, den Funktionswert für ein um 1 vergrößertes Argument zu berechnen.

So erhält man aus $\quad \Gamma(1) = \int\limits_0^\infty e^{-st} dt = 1 \quad$ mit der Rekursionsformel

$$\Gamma(2) = 1\Gamma(1) = 1 = 1! \quad \Gamma(3) = 2\Gamma(2) = 2 = 2! \quad \Gamma(4) = 3\Gamma(3) = 6 = 3!$$

und schließlich durch fortgesetztes Anwenden der Rekursionsformel

$$\Gamma(n+1) = n! \tag{4.24}$$

Ist die reelle Zahl r in der Korrespondenz (4.22) im Sonderfall eine natürliche Zahl n, so geht mit Gl. (4.24) die Korrespondenz (4.22) in die Korrespondenz (4.19) über. Für die Anwendungen in der Elektrotechnik werden manchmal die Laplace-Transformierten der Zeitfunktionen

$$f(t) = \sqrt{t} \quad \text{bzw.} \quad f(t) = \frac{1}{\sqrt{t}} \quad \text{benötigt. Mit}$$

$$\Gamma\left(\frac{1}{2}\right) = \sqrt{\pi} \quad \text{und} \quad \Gamma\left(\frac{3}{2}\right) = \frac{\sqrt{\pi}}{2} \quad \text{erhält man die Korrespondenzen}$$

$$\frac{1}{\sqrt{t}} \circ\!\!-\!\!\bullet \sqrt{\frac{\pi}{s}} \tag{4.25}$$

und

$$\sqrt{t} \circ\!\!-\!\!\bullet \frac{\sqrt{\pi}}{2s\sqrt{s}} \tag{4.26}$$

4.3.2 Additionssatz

Satz 4.10:

Gelten für $i = 1, 2, 3, \ldots , n$ die Korrespondenzen

$$f_i(t) \; \circ\!\!-\!\!\bullet \; F_i(s) = \int\limits_0^\infty f_i(t)\,e^{-st}\,dt , \quad \text{so folgt}$$

$$\sum_{i=1}^n a_i\, f_i(t) \; \circ\!\!-\!\!\bullet \; \sum_{i=1}^n a_i\, F_i(s) \tag{4.27}$$

Beweis: Es gilt mit der Definition der Laplace-Transformation

$$\sum_{i=1}^n a_i\, f_i(t) \; \circ\!\!-\!\!\bullet \; \int\limits_0^\infty \sum_{i=1}^n a_i\, f_i(t)\,e^{-st}\,dt = \sum_{i=1}^n a_i \int\limits_0^\infty f_i(t)\,e^{-st}\,dt = \sum_{i=1}^n a_i\, F_i(s) ,$$

da das Integral einer Summe von Funktion gleich ist der Summe der Integrale und die konstanten Faktoren a_i jeweils vor die Integrale gesetzt werden können. Durch die Laplace-Transformation wird eine Linearkombination von Originalfunktionen $f_i(t)$ in die analoge Linearkombination von Bildfunktionen $F_i(s)$ abgebildet.

Eine Transformation mit dieser Eigenschaft heißt **lineare Transformation.**

Insbesondere folgt aus der Linearität der Laplace-Transformation, dass dem a-fachen einer Originalfunktion $f(t)$ auch das a-fache ihrer Bildfunktion $F(s)$ entspricht. Dies hat zur Folge, dass eine Korrespondenz, die ja keineswegs eine Gleichung darstellt, wie eine Gleichung, mit einem konstanten Faktor multipliziert werden darf. So kann z.B. die Korrespondenz

$$t^n \; \circ\!\!-\!\!\bullet \; \frac{n!}{s^{n+1}} \quad \text{in} \quad \frac{t^n}{n!} \; \circ\!\!-\!\!\bullet \; \frac{1}{s^{n+1}}$$

umgeformt werden. Ersetzt man noch n durch $n - 1$, so erhält man die für die inverse Laplace-Transformation oft zweckmäßigere Aussageform

$$\frac{1}{s^n} \; \bullet\!\!-\!\!\circ \; \frac{t^{n-1}}{(n-1)!} \tag{4.28}$$

Beispiel 4.12. Zur Originalfunktion $f(t) = 2t^3 - 5t^2 + 3$ soll die Bildfunktion $F(s)$ bestimmt werden.

Mit dem Additionssatz erhält man

$$F(s) = 2\frac{3!}{s^4} - 5\frac{2!}{s^3} + 3\frac{1}{s} = \frac{12 - 10s + 3s^2}{s^4}$$

Die additive Konstante 3 der Originalfunktion kann als $3\,\varepsilon(t)$ interpretiert werden, da ja nur Zeitpunkte betrachtet werden, die größer als Null sind und für diese Zeitpunkte hat die Sprungfunktion den Wert 1.

Beispiel 4.13. Man bestimme die Laplace-Transformierten der Zeit-funktionen

$$f_1(t) = \sin(\omega t) \quad \text{und} \quad f_2(t) = \cos(\omega t).$$

Aus den Euler'schen Gleichungen
und

$$e^{j\omega t} = \cos(\omega t) + j\sin(\omega t)$$
$$e^{-j\omega t} = \cos(\omega t) - j\sin(\omega t)$$

folgt durch Addition, bzw. Subtraktion der beiden Gleichungen

$$\sin(\omega t) = \frac{1}{2j}\left(e^{j\omega t} - e^{-j\omega t}\right) \quad \text{und} \quad \cos(\omega t) = \frac{1}{2}\left(e^{j\omega t} + e^{-j\omega t}\right)$$

Die gesuchten Bildfunktionen erhalten wir dann mit dem Additionssatz

$$F_1(s) = \frac{1}{2j}\left[\frac{1}{s - j\omega} - \frac{1}{s + j\omega}\right] = \frac{a}{s^2 + \omega^2}$$

und

$$F_2(s) = \frac{1}{2}\left[\frac{1}{s - j\omega} + \frac{1}{s + j\omega}\right] = \frac{s}{s^2 + \omega^2}$$

Damit ergeben sich die Korrespondenzen

$$\sin(\omega t) \quad \circ\!-\!\bullet \quad \frac{\omega}{s^2 + \omega^2} \tag{4.29}$$

$$\cos(\omega t) \quad \circ\!-\!\bullet \quad \frac{s}{s^2 + \omega^2} \tag{4.30}$$

Beispiel 4.14. Man bestimme die Originalfunktion $f(t)$ zu den folgenden Bildfunktionen

a) $F(s) = \dfrac{3s+8}{s^2+16}$ und   b) $F(s) = \dfrac{5s^2+3s+8}{s^3}$.

a) Mit der Zerlegung der Bildfunktion $F(s) = \dfrac{3s+8}{s^2+16}$ in die Teilbrüche

$$F(s) = \frac{3s+8}{s^2+16} = 3\frac{s}{s^2+4^2} + 2\frac{4}{s^2+4^2}$$

erhält man unter Verwendung der Korrespondenzen (4.29) und (4.30)

$$f(t) = 3\cos(4t) + 2\sin(4t)$$

b) Durch Zerlegen der Bildfunktion $F(s) = \dfrac{5s^2+3s+8}{s^3}$ in die Teilbrüche

$$F(s) = 5\frac{1}{s} + 3\frac{1}{s^2} + 8\frac{1}{s^3}.$$

und gliedweises Transformieren in den Zeitbereich erhält man die Originalfunktion

$$f(t) = 5 + 3t + 4t^2.$$

Entsprechend der Korrespondenz $\dfrac{1}{s} \bullet\!\!-\!\!\circ \varepsilon(t)$ gilt $\dfrac{5}{s} \bullet\!\!-\!\!\circ 5\varepsilon(t)$.

Da die Sprungfunktion für die hier nur betrachteten Zeitwerte $t > 0$, den Wert 1 annimmt, kann anstelle von $5\varepsilon(t)$ auch einfach 5 geschrieben werden.

Übungsaufgaben zum Abschnitt 4.3.2 (Lösungen im Anhang)

Beispiel 4.15. Man berechne die Laplace-Transformierten $F(s)$ zu den folgenden Zeitfunktionen

a) $f(t) = t^4 - 3t^2 + 5$ b) $f(t) = 3e^{-2t} + 5e^{-3t}$

c) $f(t) = 2\sin(t) - 3\cos(t)$ d) $f(t) = 2t^2 - e^{-\frac{t}{2}}$

e) $f(t) = \sinh(at)$ f) $f(t) = \cosh(at)$

Beispiel 4.16. Zu den folgenden Bildfunktionen $F(s)$ sollen die zugehörenden Originalfunktionen $f(t)$ bestimmt werden.

a) $F(s) = \dfrac{s^4 - 3s^3 + 5s - 7}{s^5}$

b) $F(s) = \dfrac{6}{s+5} - \dfrac{8}{s-2}$

c) $F(s) = \dfrac{1}{2s-5} + \dfrac{3}{s^2}$

d) $F(s) = \dfrac{5s+3}{s^2+1}$

e) $F(s) = \dfrac{2s+15}{4s^2+9}$

4.3.3 Verschiebungssatz

Der Verschiebungssatz macht eine Aussage über die Laplace-Transformierte einer zeitlich verschobenen Originalfunktion.

So ist die Funktion

$$f^*(t) = \begin{cases} f(t - t_0) & t > t_0 \\ 0 & t < t_0 \end{cases}$$

gegenüber der zum Zeitpunkt $t = 0$ einsetzenden Zeitfunktion $f(t)$ um das Zeitintervall t_0 verschoben.

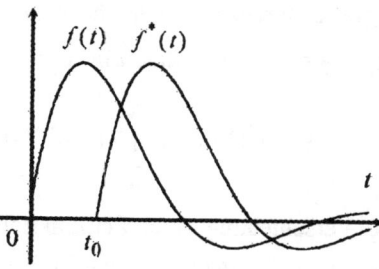

Bild 4.10 Zeitfunktionen $f(t)$ und $f^*(t)$

Wesentlich ist, dass die hier betrachtete Zeitfunktion $f^*(t)$ durch eine reine Verschiebung der zum Zeitpunkt $t = 0$ einsetzenden Funktion $f(t)$ entstanden ist, die ja als eine kausale Zeitfunktion für Zeitpunkte $t < 0$ den Wert Null hat.

Diese erst ab dem Zeitpunkt $t = t_0$ vorhandene Funktion $f^*(t)$ kann auch durch $f^*(t) = f(t - t_0)\varepsilon(t - t_0)$ ausgedrückt werden, da der Faktor $\varepsilon(t - t_0)$ für Zeitpunkte $t < t_0$ den Wert 0 und für Zeitpunkte $t > t_0$ den Wert 1 hat.

Satz 4.11: Verschiebungssatz

Hat die zum Zeitpunkt $t = 0$ einsetzende Zeitfunktion $f(t)$ die Laplace-Transformierte $F(s)$, so ist die Laplace-Transformierte der zeitlich um $t = t_0$ verschobenen Zeitfunktion $f^*(t)$ gegeben durch $F*(s) = F(s)e^{-st_0}$, d.h. es gilt:

$$f(t) \circ\!\!-\!\!\bullet\, F(s) \Rightarrow f(t-t_0)\varepsilon(t-t_0) \circ\!\!-\!\!\bullet\, F(s)e^{-st_0} \qquad (4.31)$$

Beweis:
Mit der Definitionsgleichung der Laplace-Transformation erhält man

$$L\{f^*(t)\} = \int\limits_{t_0}^{\infty} f(t-t_0)e^{-st}\,dt = \int\limits_{t_0}^{\infty} f(t-t_0)e^{-\{(t-t_0)+t_0\}s}\,dt$$

Durch Einführen einer neuen Integrationsvariablen $\tau = t - t_0$ geht die untere Integrationsgrenze $t_1 = t_0$ über in $\tau_1 = 0$, während die obere Integrationsgrenze $t_2 = \infty$ unverändert in $\tau_2 = \infty$ übergeführt wird. Damit wird

$$L\{f^*(t)\} = e^{-st_0}\int\limits_{0}^{\infty} f(\tau)e^{-s\tau}\,d\tau = e^{-st_0}L\{f(t)\}$$

Eine Verschiebung einer Zeitfunktion $f(t)$ mit der Laplace-Transformierten $F(s)$ um ein Zeitintervall t_0 hat im Bildbereich der Laplace-Transformation eine Multiplikation der Bildfunktion $F(s)$ mit dem Faktor e^{-st_0} zur Folge.

Bildfunktionen mit einem derartigen Faktor e^{-st_0} ergeben im Originalbereich Zeitfunktionen, die erst zum Zeitpunkt $t = t_0$ einsetzen und für Zeitpunkte $t < t_0$ den Wert Null haben.

Da in der Elektrotechnik häufig Ströme oder Spannungen betrachtet werden, die erst von einem Zeitpunkt $t = t_0$ ab wirksam werden, wird dieser Satz in den Anwendungen der Laplace-Transformation oft benützt.

Beispiel 4.17. Gegeben ist die zum Zeitpunkt $t = t_0$ einsetzende Sprungfunktion

$$\varepsilon(t - t_0) = \begin{cases} 0 & \text{für } t < t_0 \\ 1 & \text{für } t > t_0 \end{cases}$$

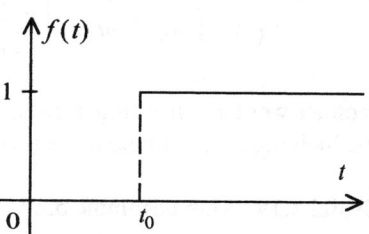

Es soll die zugehörige Bildfunktion $F(s)$ bestimmt werden.

Bild 4.11 Funktionsverlauf
$$f(t) = \varepsilon(t - t_0)$$

Aus $\varepsilon(t) \circ\!\!-\!\!\bullet \dfrac{1}{s}$ folgt mit dem Verschiebungssatz für die gesuchte Bildfunktion

$$F(s) = L\{\varepsilon(t - t_0)\} = \frac{e^{-st_0}}{s}$$

Beispiel 4.18. Es soll die Laplace-Transformierte eines zur Zeit $t = 0$ einsetzenden Rechteckimpulses der Impulsdauer τ und der Impulshöhe A bestimmt werden.

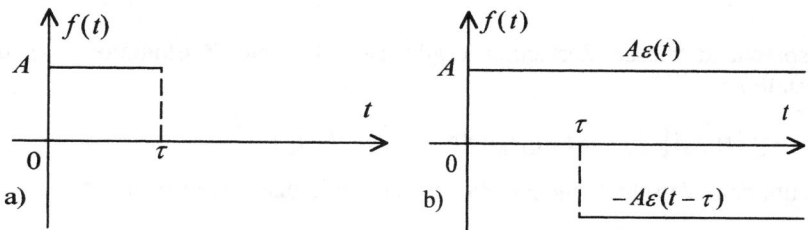

Bild 4.12 Rechteckimpuls (a) und Zerlegung des Impulses in zwei Teilfunktionen (b)

Entsprechend der Zerlegung des Rechteckimpulses in zwei Teilfunktionen nach Bild 4.12 erhält man für die Originalfunktion die Darstellung

$$f(t) = A\left[\varepsilon(t) - \varepsilon(t - \tau)\right]$$

und durch Anwenden des Verschiebungssatzes die gesuchte Bildfunktion

$$F(s) = \frac{A}{s}\left(1 - e^{-s\tau}\right)$$

In diesem einfachen Beispiel kann die Bildfunktion $F(s)$ auch durch das Laplace-Integral

$$F(s) = \int\limits_0^\tau A\,e^{-st}\,dt = A\left[\frac{e^{-st}}{-s}\right]_0^\tau = \frac{A}{s}\left[1 - e^{-s\tau}\right]$$

berechnet werden. In weniger einfachen Fällen ist es vorteilhaft, mit Hilfe des Verschiebungssatzes Integrationen zu vermeiden.

Beispiel 4.19. Man bestimme die Laplace-Transformierte der Zeitfunktion

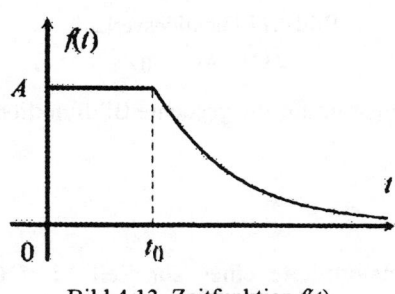

Bild 4.13 Zeitfunktion $f(t)$

$$f(t) = \begin{cases} A & \text{für } 0 \le t \le t_0 \\ A\,e^{-2(t-t_0)} & \text{für } t > t_0 \end{cases}$$

Die Zeitfunktion $f(t)$ kann in einem zum Zeitpunkt $t = t_0$ einsetzenden Rechteckimpuls der Impulsdauer t_0 und einer zur Zeit $t = t_0$ beginnenden Exponentialfunktion zerlegt werden (Bild 4.13).

Entsprechend dieser Zerlegung ergibt sich für die Zeitfunktion $f(t)$ die Darstellung

$$f(t) = A\left[\varepsilon(t) - \varepsilon(t-t_0)\right] + A\,e^{-2(t-t_0)}\varepsilon(t-t_0)$$

und mit dem Verschiebungssatz die zugehörige Laplace-Transformierte

$$F(s) = \frac{A}{s}\left[1 - e^{-st_o}\right] + \frac{A}{s+2}e^{-st_o}$$

Beispiel 4.20. Es soll die Laplace-Transformierte der Zeitfunktion

$$f(t) = \begin{cases} \dfrac{A}{\tau}t & \text{für } 0 \le t \le \tau \\ 0 & \text{für } t > \tau \end{cases}$$

bestimmt werden.
Entsprechend der Zerlegung der Funktion $f(t)$ in drei Teilfunktionen nach Bild 4.14 gilt

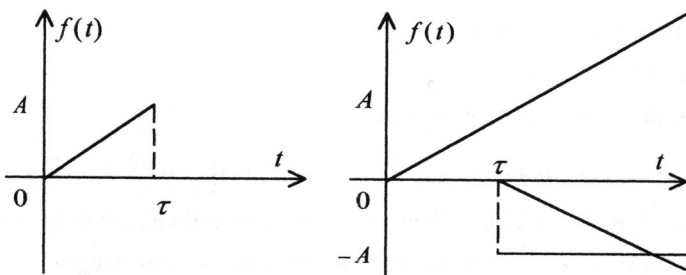

Bild 4.14 Zeitfunktion $f(t)$ und ihre Zerlegung in Teilfunktionen

Durch Laplace-Transformation unter Verwendung des Verschiebungssatzes erhält man

$$F(s) = \frac{A}{\tau s^2}\left[1 - e^{-s\tau}\right] - \frac{A}{s}e^{-s\tau}$$

Beispiel 4.21. Eine Zeitfunktion $f(t)$ entstehe durch periodisches Fortsetzen der Funktion

$$f_0(t) = \begin{cases} \text{definiert für } 0 \leq t \leq T \\ \quad 0 \quad \text{für alle übrigen Zeitpunkte} \end{cases}$$

Man bestimme die Laplace-Transformierte $F(s)$ dieser periodischen Zeitfunktion $f(t)$.

Die gegebene periodische Zeitfunktion $f(t)$ entsteht dadurch, dass die Funktion $f_0(t)$, um die Periodendauer T, bzw. um $2T$, $3T$,... verschoben, immer wiederkehrt (Bild 4.15).

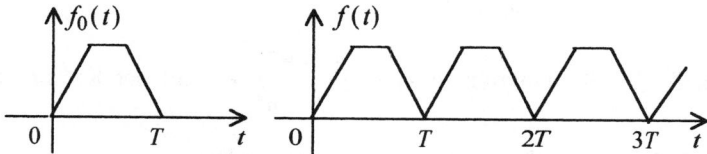

Bild 4.15   Zeitfunktion $f_0(t)$ und periodische Funktion $f(t)$

Für die periodische Zeitfunktion $f(t)$ gilt daher

$$f(t) = f_0(t) + f_0(t - T)\,\varepsilon(t - T) + f_0(t - 2T)\,\varepsilon(t - 2T) + \cdots$$

Bei bekannter Korrespondenz

$$f_0(t) \; \circ\!-\!\bullet \; F_0(s)$$

erhält man mit dem Verschiebungssatz

$$F(s) = F_0(s)\left[1 + e^{-sT} + e^{-2sT} + \cdots\right] = F_0(s)\left[1 + e^{-sT} + (e^{-sT})^2 + \cdots\right]$$

Der Ausdruck in der eckigen Klammer ist eine unendliche geometrische Reihe mit dem Faktor $q = e^{-sT}$. Die unendliche Reihe konvergiert wegen

$$|q| = \left|e^{-sT}\right| = e^{-\sigma t}\left|e^{-j\omega t}\right| < 1$$

für $\sigma > 0$, eine Bedingung, die in der Konvergenzhalbebene der Sprungfunktion ($\sigma > 0$), erfüllt ist.

Mit der Summenformel der konvergenten unendlichen geometrischen Reihe

$$S = 1 + q + q^2 + q^3 + \cdots = \frac{1}{1-q}$$

ergibt sich schließlich für die Laplace-Transformierte der periodischen Zeitfunktion $f(t)$

$$F(s) = \frac{F_0(s)}{1 - e^{-sT}}$$

Beispiel 4.22: Gegeben ist die Bildfunktion $\quad F(s) = \dfrac{e^{-2s}}{s+3}$. Gesucht ist die zugehörige Originalfunktion $f(t)$.

Aus der Korrespondenz $\dfrac{1}{s+3} \; \bullet\!-\!\circ \; e^{-3t}$ folgt mit dem Verschiebungssatz

$$f(t) = \begin{cases} e^{-3(t-2)} & \text{für } t \geq 2 \\ 0 & \text{für } t < 2 \end{cases} \quad \text{bzw.} \quad f(t) = e^{-3(t-2)}\varepsilon(t-2)$$

Beispiel 4.23. Zur Bildfunktion $\quad F(s) = \dfrac{\omega(1 - e^{-sT})}{s^2 + \omega^2}\quad$ mit der Kreisfrequenz

$\omega = \dfrac{2\pi}{T}$ soll die Originalfunktion $f(t)$ bestimmt werden.

Wir zerlegen die gegebene Bildfunktion in die Teilbrüche

$$F(s) = \frac{\omega(1 - e^{-sT})}{s^2 + \omega^2} = \frac{\omega}{s^2 + \omega^2} - \frac{\omega}{s^2 + \omega^2}e^{-sT}$$

und erhalten mit dem Verschiebungssatz die Originalfunktion

$$F(s) = \frac{\omega(1 - e^{-sT})}{s^2 + \omega^2} \bullet\!\!-\!\!\circ f(t) = \sin(\omega t) - \sin[\omega(t - T)]\varepsilon(t - T)$$

Der Verlauf dieser Zeitfunktion $f(t)$ ist in Bild 4.16 dargestellt. Es handelt sich um eine einmalige Sinusschwingung.
Der Funktion $f_1(t) = \sin(\omega t)$, die zur Zeit $t = 0$ einsetzt, überlagert sich für $t > T$ die Funktion

$$f_2(t) = -\sin[\omega(t - T)]\varepsilon(t - T),$$

die erst vom Zeitpunkt $t > T$ ab wirksam (von Null verschieden) wird.

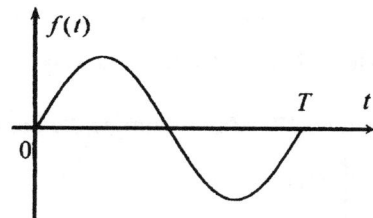

Bild 4.16 Zeitfunktion $f(t)$

Die Originalfunktion $f(t)$ hat daher für Zeitpunkte $t > T$ den Wert Null.

Übungsaufgaben zum Abschnitt 4.3.3 (Lösungen im Anhang)

Beispiel 4.24. Man bestimme die Bildfunktionen $F(s)$ zu den folgenden Originalfunktionen

a) $f(t) = \begin{cases} (t-1)^2 & \text{für } t \geq 1 \\ 0 & \text{für } t < 1 \end{cases}$

b) $f(t) = \begin{cases} t & \text{für } 0 \leq t \leq 3 \\ 3 & \text{für } \quad t > 3 \end{cases}$

c) $f(t) = \begin{cases} \sin(t) & \text{für } t \leq \pi \\ 0 & \text{für } t > \pi \end{cases}$

d) $f(t) = \begin{cases} 0 & t < 1 \\ (t-1)^3 e^{-2(t-1)} & t \geq 1 \end{cases}$

e) $f(t) = \begin{cases} t & 0 \leq t < 1 \\ 1 & 1 < t \leq 2 \\ 0 & t > 2 \end{cases}$

f) $f(t) = \begin{cases} 1 & 0 \leq t < 1 \\ t - 2 & 1 < t \leq 2 \\ 0 & t > 2 \end{cases}$

Beispiel 4.25.
Man berechne die Laplace-Transformierte $F(s)$ eines Rechteckimpulses der Impulshöhe A, der zur Zeit t_1 beginnt und zum Zeitpunkt t_2 endet

Beispiel 4.26.

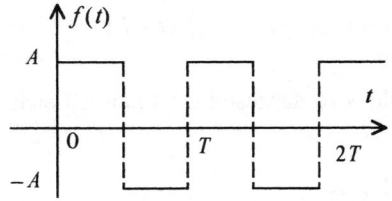

Bild 4.17 Periodische Zeitfunktion

Man bestimme die Laplace-Transformierte $F(s)$ der im Bild 4.17 dargestellten periodischen Zeitfunktion $f(t)$.

Beispiel 4.27. Man bestimme die Laplace-Transformierte $F(s)$ der Zeitfunktion

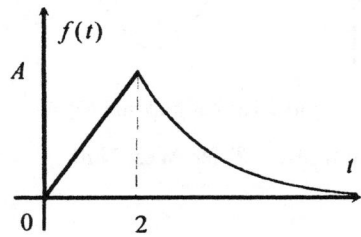

Bild 4.18 Zeitfunktion $f(t)$

$$f(t)=\begin{cases} \dfrac{A}{2}t & \text{für } t \le 2 \\[2mm] A\,e^{-(t-2)} & \text{für } t > 2 \end{cases}$$

Der Verlauf dieser Zeitfunktion $f(t)$ ist in Bild 4.18 dargestellt.

Beispiel 4.28. Es sollen die Originalfunktionen $f(t)$ zu den folgenden Bildfunktionen bestimmt werden.

a) $F(s) = \dfrac{e^{-2s}}{s^2}$

b) $F(s) = \dfrac{e^{-5s}}{s^4}$

c) $F(s) = \dfrac{s\,e^{-\frac{\pi s}{2}}}{s^2+25}$

d) $F(s)=\dfrac{1-e^{-2s}}{s^3}$

e) $F(s)=\left(\dfrac{1}{s}-\dfrac{1}{s+2}\right)(1-e^{-s})$

f) $F(s)=\dfrac{6e^{-s}}{(s+2)^4}$

g) $F(s)=\dfrac{1}{s}\left(1-e^{-s}\right)-\dfrac{e^{-s}}{s+2}$

h) $F(s) = \dfrac{1}{s^2}(1-e^{-s})+\left(\dfrac{1}{s+2}-\dfrac{1}{s}\right)e^{-2s}$

4.3.4 Dirac'sche Deltafunktion

Bevor wir uns mit weiter mit Regeln der Laplace-Transformation beschäftigen, ist es zweckmäßig, eine spezielle Zeitfunktion, die Deltafunktion, zu betrachten, die insbesondere auch in den Anwendungen der Laplace-Transformation in der Elektrotechnik eine wichtige Rolle spielt.

Die Deltafunktion wurde 1947 von dem Engländer **Paul D i r a c** durch die Eigenschaften

$$\delta(t) = 0 \quad \text{für alle } t \neq 0 \tag{4.32}$$

$$\int_{-\infty}^{\infty} \delta(t)dt = 1 \tag{4,33}$$

eingeführt. Da diese Gleichungen die Deltafunktion nicht eindeutig definieren, verwendet man heute folgende Festlegung:

Definition 4.5

Die durch die Eigenschaft

$$\int_{-\infty}^{\infty} \delta(t)f(t)dt = 0 \tag{4.34}$$

definierte Funktion $\delta(t)$, heißt **Deltafunktion**, wobei $f(t)$ eine beliebige, an der Stelle $t = 0$ stetige Funktion ist.

Aus der Definitionsgleichung (4.34) folgen die ursprünglich von Dirac geforderten Eigenschaften der Deltafunktion. So erhält man etwa Gl. (4.33) aus Gl. (4.34) durch Einsetzen der Zeitfunktion $f(t) = 1$.

Eine Funktion mit den Eigenschaften der Deltafunktion ist im Rahmen der klassischen Analysis nicht vorstellbar. Die Deltafunktion wurde daher vielfach als "Pseudofunktion" bezeichnet und fand erst in einer neuen mathematischen Disziplin als "Distribution" oder "verallgemeinerte Funktion" eine Erklärung.

Man kann eine Distribution oder verallgemeinerte Funktion als Grenzwert einer Folge von gewöhnlichen Funktionen definieren.

Satz 4.12:

Es sei $\{g_n(t)\}$ eine Folge von gewöhnlichen Funktionen mit der Eigenschaft

$$\lim_{n \to \infty} \int_{-\infty}^{\infty} g_n(t) f(t) dt = f(0) \tag{4.35}$$

dann gilt

$$\lim_{n \to \infty} g_n(t) = \delta(t) \tag{4.36}$$

Alle Funktionsfolgen von Bild 4.19 sind Folgen von kausalen Zeitfunktionen, die Gl. (4.35) erfüllen. In der Mathematik werden im allgemeinen Funktionsfolgen gewählt, die symmetrisch zu $t = 0$ verlaufen. Wir wollen uns jedoch hier im Rahmen der Laplace-Transformation auf Folgen kausaler Zeitfunktionen beziehen.

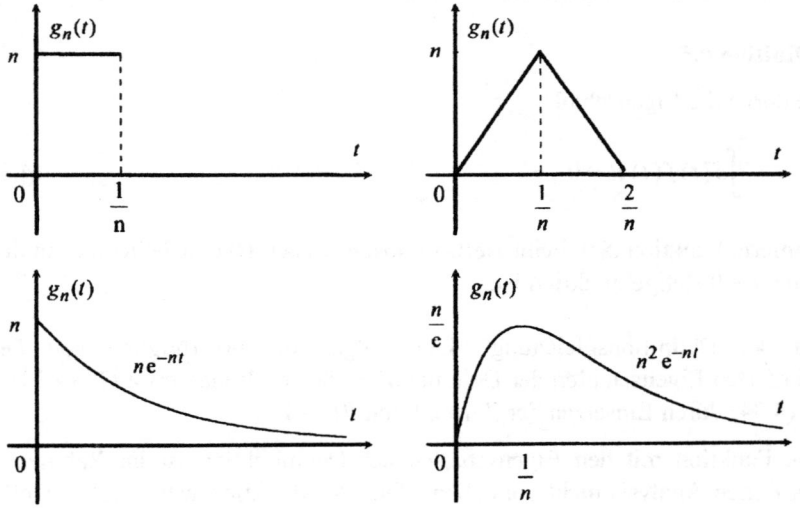

Bild 4.19 Funktionsfolgen $g_n(t)$

Jede diese Folge von Funktionen ist auch normiert, d.h. es gilt

$$\int_{-\infty}^{\infty} g_n(t) dt = 1.$$

Die Funktionenfolgen $g_n(t)$ sind physikalisch als Folgen von Impulsen der Impulsfläche 1 interpretierbar, die mit wachsenden n kürzer und höher werden. Die Deltafunktion beschreibt daher einen idealisierten Impuls der Impulsfläche 1, dessen Impulsdauer gegen Null geht. Sie heißt deshalb auch Impulsfunktion (Deltaimpuls) und wird graphisch durch einen Pfeil der Länge 1 (Bild 4.20) dargestellt.

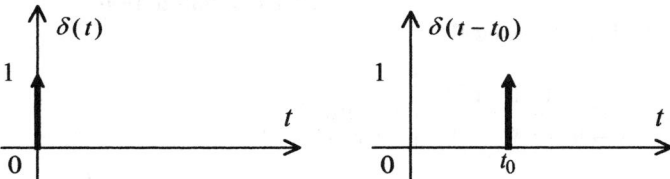

Bild 4.20 Deltafunktion und zeitlich verschobene Deltafunktion

Für die zeitlich verschobene Deltafunktion $\delta(t-t_0)$, d.h. für einen Deltaimpuls zum Zeitpunkt $t = t_0$ gilt analog zu Gl.(4.34)

$$\int_{-\infty}^{\infty} \delta(t-t_0)f(t)\,dt = f(t_0) \tag{4.37}$$

(Ausblendeigenschaft der Deltafunktion)

Da die Funktion $\delta(t-t_0)$ nur zum Zeitpunkt $t = t_0$ von Null verschieden ist, gilt für das Produkt einer Zeitfunktion $f(t)$ mit der Deltafunktion $\delta(t-t_0)$

$$f(t)\,\delta(t-t_0) = f(t_0)\,\delta(t-t_0) \tag{4.38}$$

und insbesondere auch

$$f(t)\,\delta(t) = f(0)\,\delta(t) \tag{4.39}$$

Als eine besonders einfache Folge von kausalen Zeitfunktionen, die gegen die Deltafunktion konvergieren, wollen wir eine Folge von Reckteckimpulsen betrachten, deren Impulsfläche stets 1 ist und deren Impulsdauer τ gegen Null konvergiert.
Wir erhalten damit für die Deltafunktion eine mögliche Darstellung der folgenden Form

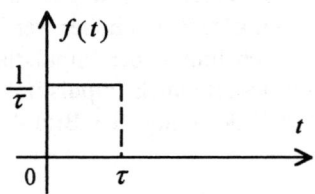

Bild 4.21 Rechteckimpuls

$$\delta(t) = \lim_{\tau \to 0} \frac{\varepsilon(t) - \varepsilon(t - \tau)}{\tau}$$

Mit dem Verschiebungssatz erhalten wir für die Laplace-Transformierte $F(s)$ der Deltafunktion

$$F(s) = \lim_{\tau \to 0} \frac{1}{\tau}\left[\frac{1}{s} - \frac{e^{-s\tau}}{s}\right] = \frac{1}{s} \lim_{\tau \to 0} \frac{1 - e^{-s\tau}}{\tau}$$

Da der letzte Ausdruck für $\tau \to 0$ unbestimmt von der Form $\dfrac{0}{0}$ wird, können nach der Regel von L'Hospital Zähler und Nenner nach der Variablen τ des Grenzübergangs differenziert und dann der Grenzübergang durchgeführt werden. Man erhält

$$F(s) = \frac{1}{s} \lim_{\tau \to 0} \frac{se^{-s\tau}}{1} = 1$$

Es ergibt sich damit die wichtige Korrespondenz

$$\delta(t) \; \circ\!\!-\!\!\bullet \; 1 \tag{4.40}$$

Der Originalfunktion $f(t) = \delta(t)$ entspricht im Bildbereich die Funktion $F(s) = 1$. Die in ihrer Definition etwas problematische Deltafunktion hat eine besonders einfache Laplace-Transformierte.

Für die Funktion $f(t) = \delta(t - t_0)$, einem Deltaimpuls zur Zeit $t = t_0$, erhält man mit dem Verschiebungssatz die Korrespondenz

$$\delta(t - t_0) \; \circ\!\!-\!\!\bullet \; e^{-st_0} \tag{4.41}$$

Wir wollen nun einen Zusammenhang zwischen der Ableitung der Sprungfunktion und der Deltafunktion herleiten.

Die Funktion $f(t)$ von Bild 4.22 steigt im Zeitintervall von 0 bis τ linear vom Funktionswert 0 auf den Wert 1 an und behält diesen Wert für $t > \tau$ bei. Ihre Ableitung hat dementsprechend für $0 < t < \tau$ den Wert $1/\tau$ für alle anderen Zeitpunkte den Wert Null.

Im Grenzfall $\tau \to 0$ geht die Funktion $f(t)$ in die Sprungfunktion $\varepsilon(t)$ und ihre Ableitung in die Deltafunktion über.

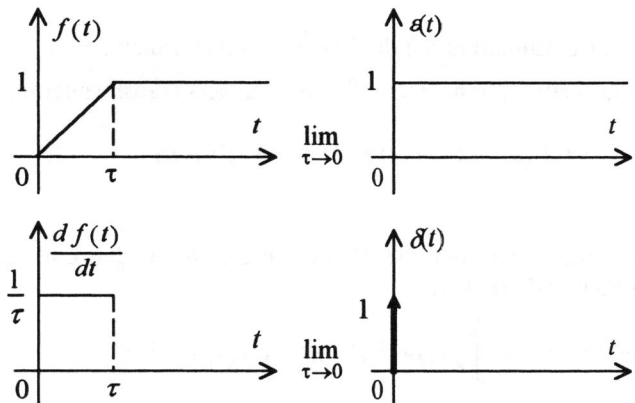

Bild 4.22   Deltafunktion als verallgemeinerte Ableitung der Sprungfunktion

Für die Ableitung der Sprungfunktion gilt

$$\frac{d\varepsilon(t)}{dt} = \begin{cases} 0 & \text{für } t \neq 0 \\ \text{nicht definiert für } t = 0 \end{cases}$$

Es kann daher die Deltafunktion nicht als die "übliche" Ableitung der Sprungfunktion $\varepsilon(t)$ aufgefasst werden.

Man bezeichnet daher die **Deltafunktion als verallgemeinerte Ableitung der Sprungfunktion** und schreibt dafür

$$D\varepsilon(t) = \delta(t), \tag{4.42}$$

wobei D (Derivation) als Symbol für die verallgemeinerte Ableitung gewählt wurde.

Die verallgemeinerte Ableitung stimmt an allen Stellen, an denen die Zeitfunktion $f(t)$ stetig ist mit der von der Analysis her bekannten "üblichen" Ableitung überein. Am Unstetigkeitsstellen, an denen diese Ableitung nicht definiert ist, spielt die Deltafunktion eine wesentliche Rolle (s. Abschn. 4.3.12).

4.3.5 Dämpfungssatz

Satz 4.13:

Entspricht einer Zeitfunktion $f(t)$ die Laplace-Transformierte $F(s)$, so entspricht der gedämpften Zeitfunktion $f(t)\,e^{-at}$ die Laplace-Transformierte $F(s + a)$.

$$f(t) \circ\!\!-\!\bullet\; F(s) \;\Rightarrow\; f(t)\,e^{-at} \circ\!\!-\!\bullet\; F(s+a) \qquad (4.43)$$

Beweis:
Zum Beweis greifen wir auf die Definitionsgleichung der Laplace –Transformation zurück und erhalten

$$f(t)\,e^{-at} \;\circ\!\!-\!\bullet\; \int\limits_0^\infty f(t)\,e^{-at}e^{-st}dt = \int\limits_0^\infty f(t)\,e^{-(s+a)t}dt$$

Das letzte Integral unterscheidet sich von der Laplace-Transformierten der Funktion $f(t)$, nämlich

$$F(s) = \int\limits_0^\infty f(t)\,e^{-st}dt$$

nur dadurch, dass die komplexe Variable s durch $s + a$ ersetzt ist.

Die Laplace-Transformierte der Zeitfunktion $f(t)e^{-at}$ unterscheidet sich von der Laplace-Transformierten der Funktion $f(t)$ nur dadurch, dass s durch $s + a$ ersetzt ist.

Wir hatten gesehen, dass eine Verschiebung um t_0 im Zeitbereich einen Faktor e^{-st_0} im Bildbereich zur Folge hat (Verschiebungssatz).

Umgekehrt bedingt ein Faktor e^{-at} bei der Zeitfunktion eine Verschiebung im Bildbereich. Der Dämpfungssatz wird daher auch als 2. Verschiebungssatz (Verschiebung im Bildbereich) bezeichnet.

Der hier gewählte Name "Dämpfungssatz" ist inhaltlich nur dann gerechtfertigt, wenn Re $a > 0$ ist, d.h. wenn der Faktor e^{-at} wirklich zeitlich abklingt. Bei den Anwendungen in der Elektrotechnik ist dies i. allg. der Fall.
Der Satz gilt aber auch für zeitlich ansteigende Faktoren e^{-at} bei Re $a < 0$.

Beispiel 4.29. Es soll die Laplace-Transformierte der Zeitfunktion

$$f(t) = e^{-3t}\sin(2t)$$

bestimmt werden.

Aus der Korrespondenz $\sin(2t) \circ\!\!-\!\!\bullet \dfrac{2}{s^2 + 4}$ folgt mit dem Dämpfungssatz,

indem man wegen des zusätzlichen Faktors e^{-3t} die Variable s durch $s + 3$ ersetzt

$$e^{-3t}\sin(2t) \circ\!\!-\!\!\bullet \frac{2}{(s+3)^2 + 4} = \frac{2}{s^2 + 6s + 13}$$

Beispiel 4.30. Gesucht ist die zu der verzögert einsetzenden Originalfunktion

$$f(t) = 5(t - \tau)\, e^{-2(t-\tau)}\varepsilon(t - \tau)$$

gehörende Bildfunktion $F(s)$.

Gehen wir aus von der Korrespondenz

$$5t \circ\!\!-\!\!\bullet \frac{5}{s^2}$$

Um die Laplace-Transformierte $F(s)$ der gedämpften Zeitfunktion $5te^{-2t}$ zu erhalten, müssen wir mit dem Dämpfungssatz die Variable s durch $s + 2$ ersetzen.

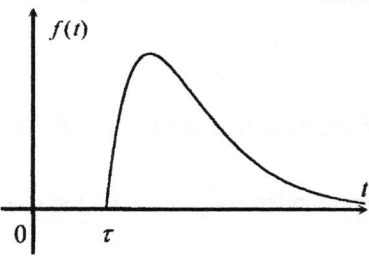

Bild 4.23 Zeitfunktion

Wir finden damit die nachfolgende Korrespondenz

$$5te^{-2t} \circ\!\!-\!\!\bullet \frac{5}{(s+2)^2}$$

Die gegebene, verzögert einsetzende Zeitfunktion

$$f(t) = 5(t - \tau)e^{-2(t-\tau)}\varepsilon(t - \tau)$$

entsteht aus der Zeitfunktion $5te^{-2t}$ durch eine Verschiebung um das Zeitintervall τ. Mit dem Verschiebungssatz ergibt sich schließlich die gesuchte Bildfunktion

$$F(s) = \frac{5}{(s+2)^2} e^{-s\tau}$$

Beispiel 4.31. Gegeben ist die Bildfunktion $F(s) = \dfrac{s+5}{s^2+2s+10}$. Es soll die

zugehörige Originalfunktion $f(t)$ ermittelt werden.

Die Bildfunktion $F(s)$ kann umgeformt werden in

$$F(s) = \frac{s+5}{(s+1)^2+9} = \frac{s+1}{(s+1)^2+3^2} + \frac{4}{3}\frac{3}{(s+1)^2+3^2}$$

Mit den bekannten Korrespondenzen

$$\sin(\omega t) \circ\!\!-\!\!\bullet \frac{\omega}{s^2+\omega^2} \quad \text{und} \quad \cos(a t) \circ\!\!-\!\!\bullet \frac{s}{s^2+\omega^2}$$

folgt unter Beachtung des Dämpfungssatzes

$$f(t) = \left[\cos(3t) + \frac{4}{3}\sin(3t)\right] e^{-t}$$

Beispiel 4.32. Man bestimme die Originalfunktion zur Bildfunktion

$$F(s) = \frac{1}{(s+a)^2}.$$

Wir betrachten zunächst nur die Bildfunktion $F(s) = \dfrac{1}{s^2}$. Aus der bekannten

Korrespondenz $\dfrac{1}{s^2} \circ\!\!-\!\!\bullet t$ folgt unter Verwendung des Dämpfungssatzes für

die gesuchte Zeitfunktion $f(t) = t\, e^{-at}$.

Übungsaufgaben zum Abschnitt 4.3.5 (Lösungen im Anhang)

Beispiel 4.33. Man bestimme die Bildfunktionen $F(s)$ zu den folgenden Zeitfunktionen

a) $f(t) = t^2 e^{-5t}$ b) $f(t) = t^4 e^{3t}$

c) $f(t) = e^{-\delta t}\cos(\omega t)$ d) $f(t) = e^{-2t}\cosh(t)$

e) $f(t) = (1 + t e^{-t})^2$ f) $f(t) = \begin{cases} e^{-2(t-1)}\sin(t-1) & \text{für } t \geq 1 \\ 0 & \text{für } t < 1 \end{cases}$

Beispiel 4.34. Man ermittle die Originalfunktionen $f(t)$ zu den Bildfunktionen

a) $F(s) = \dfrac{1}{s^2 + 2s + 1}$
b) $F(s) = \dfrac{1}{s^2 + 4s + 8}$
c) $F(s) = \dfrac{s+1}{s^2 + 2s - 3}$

d) $F(s) = \dfrac{1}{(s+a)^3}$
e) $F(s) = \dfrac{e^{-2s}}{(s+1)^3}$
f) $F(s) = \dfrac{e^{-3s}}{s^2 + 2s + 5}$

g) $F(s) = \dfrac{1 - e^{-3s}}{(s+2)^2}$
h) $F(s) = \dfrac{\sqrt{\pi}}{(s+3)^{\frac{3}{2}}}$

4.3.6. Partialbruchzerlegungen

Bei den Anwendungen der Laplace-Transformation sind die dabei auftretenden Bildfunktionen im allgemeinen echt gebrochen rationale Funktionen

$$F(s) = \frac{Z(s)}{N(s)} = \frac{a_n s^n + a_{n-1} s^{n-1} + \cdots + a_1 s + a_0}{b_m s^m + b_{m-1} s^{m-1} + \cdots + b_1 s + b_0}$$

der Variablen s. Zähler $Z(s)$ und Nenner $N(s)$ sind ganze rationale Funktionen (Polynome) vom Grad n bzw. m, wobei bei einer echt gebrochen rationalen Funktion der Grad des Zählers kleiner ist als der Grad des Nenners. Die Koeffizienten a_i und b_k sind reelle Zahlen.

Die inverse Laplace-Transformation, d.h. die Bestimmung der zugehörigen Originalfunktion $f(t)$ kann mit der im Abschnitt 4.2 behandelten Residuenmethode durchgeführt werden. Dazu müssen die Pole der Bildfunktion $F(s)$ bekannt sein. Die Bestimmung der Pole [= Nullstellen des Nenners $N(s)$] führt zu der Aufgabe, die algebraische Gleichung m-ten Grades

$$N(s) = b_m s^m + a_{m-1} s^{m-1} + \cdots + b_1 s + b_0 = 0$$

zu lösen. Zur Berechnung der Lösungen dieser algebraischen Gleichung m-ten Grades werden für $m > 2$ meist Näherungsverfahren verwendet, deren Durchführung mit den heutigen elektronischen Rechenhilfsmitteln im allgemeinen unproblematisch ist.

Sind die Nullstellen s_i des Nenners bekannt, so kann der Nenner in ein Produkt von Linearfaktoren zerlegt werden und man erhält für die Bildfunktion

$$F(s) = \frac{Z(s)}{(s - s_1)(s - s_2) \cdots (s - s_m)}$$

Eine außerordentlich wichtige Methode der inversen Laplace-Transformation besteht darin, die Bildfunktion $F(s)$ in möglichst einfache Partialbrüche (Teilbrüche) zu zerlegen und diese unter Verwendung des Additionssatzes gliedweise in den Originalbereich zu transformieren.
Je nach der Art der auftretenden Pole der Bildfunktion $F(s)$ ergeben sich für die Partialbruchzerlegung die folgenden Fälle.

a) Bildfunktion mit nur einfachen reellen Polen

Satz 4.14:

Hat die echt gebrochen rationale Bildfunktion $F(s)$ nur einfache reelle Pole $s = s_k$ ($k = 1, 2, ..., m$), so gilt folgende Partialbruchzerlegung

$$F(s) = \frac{A_1}{s - s_1} + \frac{A_2}{s - s_2} + \cdots + \frac{A_k}{s - s_k} + \cdots + \frac{A_m}{s - s_m} \qquad (4.44)$$

Beweis:
Als Nenner der Teilbrüche kommen alle Faktoren des Nenners von $F(s)$ in Frage. Da $F(s)$ eine echt gebrochen rationale Funktion ist, müssen auch die Teilfunktionen, in die $F(s)$ zerlegt wird, echt gebrochen rational sein. Daraus folgt, dass die Zähler der Teilbrüche konstante Zahlen sind.

Satz 4.15:

Ist die Bildfunktion $F(s)$ eine echt gebrochen rationale Funktion mit nur einfachen reellen Polen $s = s_k$, so gilt für die zugehörige Originalfunktion

$$f(t) = \sum_{k=1}^{m} A_k e^{s_k t} \qquad (4.45)$$

wobei die Koeffizienten A_k die Zähler der Partialbruchentwicklung von $F(s)$ sind. Diese Aussage wird auch **Heaviside'scher Entwicklungssatz** genannt.

Beweis:
Ausgehend von der Partialbruchzerlegung der Bildfunktion $F(s)$ nach Gl. (4.43) erhält man mit der Korrespondenz

$$\frac{A_k}{s - s_k} \bullet\!\!-\!\!\circ A_k e^{s_k t}$$

unter Verwendung des Additionssatzes die Aussage des zu beweisenden Satzes.

Nachdem sowohl die allgemeine Form der Partialbruchzerlegung der Bildfunktion $F(s)$, als auch die allgemeine Form der Originalfunktion $f(t)$ feststehen, müssen noch die Zähler A_k der Teilbrüche berechnet werden. Das hierfür zweckmäßige Verfahren besteht darin, die Bildfunktion mit dem Hauptnenner der Teilbrüche, d.h. mit dem Produkt der Teilnenner

$$N(s) = (s - s_1)(s - s_2) \cdots (s - s_m)$$

zu multiplizieren. In die dadurch erhaltene Gleichung, die für alle Werte von s gültig ist, werden für die komplexe Variable s nacheinander m "günstige" Werte eingesetzt. Günstige s-Werte sind in diesem Falle die Polstellen s_k. Auf diese Weise entstehen m Gleichungen für je **einen** unbekannten Zähler A_k.

In vielen Fällen ist jedoch eine Formel zur Bestimmung der A_k zweckmäßig. Multipliziert man den Ansatz zur Partialbruchzerlegung

$$F(s) = \frac{A_1}{s - s_1} + \frac{A_2}{s - s_2} + \cdots + \frac{A_k}{s - s_k} + \cdots + \frac{A_m}{s - s_m}$$

mit dem Faktor $(s - s_k)$, so folgt

$$(s - s_k)F(s) = \frac{A_1(s - s_k)}{s - s_1} + \frac{A_2(s - s_k)}{s - s_2} + \cdots + A_k + \cdots + \frac{A_m(s - s_k)}{s - s_m}$$

Da die Polstellen nach Voraussetzung alle verschieden sind, kürzt sich der Faktor $(s - s_k)$ **nur** bei dem Teilbruch mit dem Zähler A_k. Setzt man in die neu entstandene Gleichung für s den Wert s_k ein, so folgt

$$A_k = \lim_{s \to s_k} (s - s_k)F(s) = \left[(s - s_k)F(s)\right]_{s = s_k} \qquad (4.46)$$

Die Bildfunktion $F(s)$, die in Teilbrüche zerlegt werden soll, wird mit $(s - s_k)$ multipliziert. Der dadurch entstehende Ausdruck wird durch Einsetzen der Polstelle s_k für die Variable s unbestimmt von der Form "Null × Unendlich". Da aber der Nenner von $F(s)$ den Linearfaktor $(s - s_k)$ enthält, entsteht durch Kürzen dieses Faktors ein Ausdruck, in den für s der Wert s_k eingesetzt werden kann.

Mit $F(s) = \dfrac{Z(s)}{N(s)}$ kann Gl. (4.46) umgeformt werden in

$$A_k = \lim_{s \to s_k} \frac{Z(s)}{\left(\dfrac{N(s)}{s - s_k}\right)} \qquad (4.47)$$

Wir betrachten nun den in Gl. (4.47) auftretenden Ausdruck

$\lim\limits_{s\,\to\,s_k}\left(\dfrac{N(s)}{s-s_k}\right)$. Kürzt man diesen Ausdruck nun nicht mit $s-s_k$, was

möglich ist, da der Linearfaktor $s-s_k$ im Nenner $N(s)$ enthalten ist, so ist er

unbestimmt von der Form $\dfrac{0}{0}$. Auf unbestimmte Ausdrücke dieser Form kann

die Regel von L'Hospital

$$\lim_{s\,\to\,s_k}\left(\frac{N(s)}{s-s_k}\right)=\lim_{s\,\to\,s_k}\frac{\left[\dfrac{dN(s)}{ds}\right]}{1}=\left[\frac{dN(s)}{ds}\right]_{s\,=\,s_k}$$

angewendet werden. Damit geht Gl. (4.47) über in

$$A_k=\lim_{s\,\to\,s_k}\frac{Z(s)}{\left(\dfrac{dN(s)}{ds}\right)}=\frac{Z(s_k)}{\left[\dfrac{dN(s)}{ds}\right]_{s\,=\,s_k}} \tag{4.48}$$

In manchen Fällen ist Gl. (4.48) zur Berechnung der Zähler A_k der Teilbrüche besser geeignet als Gl.(4.46).

Beispiel 4.35. Zur Bildfunktion $F(s)=\dfrac{1}{s(s-1)}$

soll durch Partialbruchzerlegung von $F(s)$ die zugehörige Zeitfunktion $f(t)$ bestimmt werden.

Die Bildfunktion $F(s)$ hat die einfachen reellen Pole $s_1=0$ und $s_2=1$.
Für $F(s)$ ergibt sich damit die Partialbruchzerlegung

$$F(s)=\frac{1}{s(s-1)}=\frac{A_1}{s}+\frac{A_2}{s-1}$$

Multiplizieren dieses Ansatzes zur Partialbruchzerlegung mit dem Hauptnenner der Bildfunktion $N(s)=s(s-1)$ ergibt

$$1=A_1(s-1)+A_2 s$$

$s=0:\qquad 1=A_1(-1)\ \Rightarrow\ A_1=-1$

$s=1:\qquad 1=A_2$

Gl. (4.46) ergibt analog:

$$A_1 = \left[\frac{1}{s-1}\right]_{s=0} = -1 \quad \text{und} \quad A_2 = \left[\frac{1}{s}\right]_{s=1} = 1$$

Die Partialbruchzerlegung der Bildfunktion lautet damit

$$F(s) = -\frac{1}{s} + \frac{1}{s-1} .$$

Durch gliedweises Übersetzen in den Zeitbereich erhält man die zugehörige Originalfunktion

$$f(t) = -1 + e^t$$

Beispiel 4.36: Gegeben ist die Laplace-Transformierte $F(s) = \dfrac{2s^2 + 3s - 1}{s^3 - s}$.

Man bestimme die Originalfunktion $f(t)$.

Die Bildfunktion $F(s)$ hat die einfachen reellen Pole $s_1 = 0$, $s_2 = 1$ und $s_3 = -1$. Damit ergibt sich der folgende Ansatz zur Partialbruchzerlegung

$$F(s) = \frac{A_1}{s} + \frac{A_2}{s-1} + \frac{A_3}{s+1}$$

Mit der Ableitung des Nenners $\dfrac{dN(s)}{ds} = 3s^2 - 1$ erhält man mit Gl. (4.48)

$$A_1 = \left[\frac{2s^2 + 3s - 1}{3s^2 - 1}\right]_{s=0} = 1, \quad A_2 = \left[\frac{2s^2 + 3s - 1}{3s^2 - 1}\right]_{s=1} = 2,$$

$$A_3 = \left[\frac{2s^2 + 3s - 1}{3s^2 - 1}\right]_{s=-1} = -1$$

Der Bildfunktion $F(s) = \dfrac{1}{s} + \dfrac{2}{s-1} - \dfrac{1}{s+1}$ entspricht damit die Zeitfunktion

$$f(t) = 1 + 2e^t - e^{-t}$$

Selbstverständlich können die Zähler A_k auch durch Multiplizieren des Ansatzes zur Partialbruchzerlegung mit dem Nenner $N(s) = s(s-1)(s+1)$ und anschließendem Einsetzen günstiger s-Werte ($s_1 = 0$, $s_2 = 1$ und $s_3 = -1$) berechnet werden.

b) Bildfunktion mit mehrfachen reellen Polen

Es sollen nun Bildfunktionen $F(s)$ betrachtet werden, die neben einfachen reellen Polen auch mehrfache reelle Pole haben.

Satz 4.16:

Ist $F(s)$ eine echt gebrochen rationale Bildfunktion, die bei $s = s_0$ eine k-fache Polstelle besitzt, so gilt für sie die folgende Partialbruchzerlegung

$$F(s) = \frac{Z(s)}{(s - s_0)^k N_1(s)} = \frac{B_k}{(s - s_0)^k} + \frac{B_{k-1}}{(s - s_0)^{k-1}} + \cdots + \frac{B_1}{(s - s_0)} + P(s) \qquad (4.49)$$

wobei $P(s)$ die Summe der Partialbrüche ist, die durch die restlichen Polstellen bedingt ist.

Beweis: Die Bildfunktion $F(s)$ lässt sich in die Anteile

$$F(s) = \frac{Z_0(s)}{(s - s_0)^k} + \frac{Z_1(s)}{N_1(s)} = F_0(s) + F_1(s)$$

zerlegen. Da $F(s)$ als echt gebrochen rational vorausgesetzt ist, hat der Zähler $Z_0(s)$ höchstens den Grad $k - 1$. Eine Reihenentwicklung des Zählers $Z_0(s)$ nach Potenzen von $(s - s_0)$ ergibt

$$F_0(s) = \frac{B_1(s - s_0)^{k-1} + B_2(s - s_0)^{k-2} + \cdots + B_{k-1}(s - s_0) + B_k}{(s - s_0)^k}$$

Dividiert man jedes Glied des Zählers von $F_0(s)$ durch den Nenner $(s - s_0)^k$, so erhält man die Aussage des Satzes 4.16.

Satz 4.17:

a) Eine k-fache reelle Polstelle bei $s = s_0$ bedingt im Zeitbereich den Anteil

$$f_0(t) = e^{s_0 t} \sum_{n=1}^{k} B_n \frac{t^{n-1}}{(n-1)!} \qquad (4.50)$$

b) Für die Koeffizienten B_n gilt mit $n = k - r$

$$B_{k-r} = \frac{1}{r!} \left[\frac{d^r}{ds^r} \left\{ (s - s_0)^k F(s) \right\} \right]_{s = s_0} \qquad (4.51)$$

Beweis:

a) Mit $\dfrac{1}{s^n} \bullet\!\!-\!\!\circ \dfrac{t^{n-1}}{(n-1)!}$ und dem Dämpfungssatz erhält man

$$\frac{B_n}{(s-s_0)^k} \bullet\!\!-\!\!\circ B_n \frac{t^{n-1}}{(n-1)!} e^{s_0 t}$$

b) Multipliziert man Gl. (4.49) mit $(s-s_0)^k$, so folgt hieraus

$$(s-s_0)^k F(s) = B_k + B_{k-1}(s-s_0) + \cdots + B_1(s-s_0)^{k-1} + (s-s_0)^k P(s)$$

$$s = s_0 \text{ ergibt } B_k = \left[(s-s_0)^k F(s)\right]_{s=s_0}$$

Damit ist die Richtigkeit von Gl. (4.51) für $r = 0$ gezeigt. Differenziert man den Ausdruck für $(s-s_0)^k F(s)$ r-mal und setzt anschließend für s den Wert s_0 ein, so erhält man Gl. (4.51).

Die Verwendung von Gl. (4.51) zur Berechnung der Zähler B_0 ist wegen des damit verbundenen Rechenaufwandes nicht immer vorteilhaft. Man wird in solchen Fällen den Ansatz zur Partialbruchzerlegung mit dem Hauptnenner multiplizieren und in die so erhaltene Gleichung für s günstige Werte einsetzen. Günstige Werte sind immer die reellen Polstellen von $F(s)$ weil man dadurch jeweils eine Gleichung für nur einen der unbekannten Zähler erhält. Sind nur reelle Pole vorhanden, was bis jetzt angenommen wird, so ist die Anzahl der Teilbrüche durch den Grad m des Nenners von $F(s)$ bestimmt. Sind mehrfache reelle Pole vorhanden, so ist die Anzahl dieser besonders günstigen s-Werte kleiner als die Anzahl der zu bestimmenden Zähler. Man wird dann noch andere, möglichst einfache s-Werte hinzunehmen müssen.

Beispiel 4.37. Zur Bildfunktion $F(s) = \dfrac{3s^2 - 7s + 6}{(s-1)^3}$ soll die zugehörige Originalfunktion $f(t)$ bestimmt werden.

Die Bildfunktion hat eine dreifache Polstelle bei $s = 1$. Für die Partialbruchzerlegung ergibt sich damit der Ansatz

$$F(s) = \frac{3s^2 - 7s + 6}{(s-1)^3} = \frac{B_3}{(s-1)^3} + \frac{B_2}{(s-1)^2} + \frac{B_1}{(s-1)}$$

Die Gl. (4.51), die hier besonders einfach anzuwenden ist, da **nur** ein dreifacher Pol bei $s = 1$ vorhanden ist, liefert

$$B_3 = \left[3s^2 - 7s + 6\right]_{s=1} = 2, \quad B_2 = \left[6s - 7\right]_{s=1} = -1, \quad B_1 = 3$$

Mit der dadurch eindeutig bestimmten Partialbruchzerlegung der Bildfunktion

$$F(s) = \frac{2}{(s-1)^3} - \frac{1}{(s-1)^2} + \frac{3}{(s-1)}$$

erhält man die Zeitfunktion $\quad f(t) = t^2 e^t - t e^t + 3 e^t = (t^2 - t + 3) e^t$

Beispiel 4.38: Zu $\quad F(s) = \dfrac{s^2 - s - 3}{(s+1)(s+2)^2} \quad$ soll $f(t)$ bestimmt werden.

Die Bildfunktion hat eine zweifache Polstelle bei $s = -2$ und eine einfache Polstelle bei $s = -1$. Für die Partialbruchzerlegung ergibt sich damit der Ansatz

$$F(s) = \frac{s^2 - s - 3}{(s+1)(s+2)^2} = \frac{A_1}{s+1} + \frac{B_2}{(s+2)^2} + \frac{B_1}{s+2}$$

Zur Bestimmung der noch unbekannten Zähler können die uns bekannten Formeln verwendet werden. Wir wollen jedoch hier das schon erwähnte Verfahren, das ohne die Verwendung von Formeln auskommt, verwenden und multiplizieren den Ansatz zur Partialbruchzerlegung mit dem Nenner $N(s)$ und erhalten somit

$$s^2 - s - 3 = A_1(s+2)^2 + B_2(s+1) + B_1(s+2)(s+1)$$

Durch Einsetzen der Polstellen folgt

$$\begin{aligned} s = -1: \quad -1 &= A_1 \quad \Rightarrow \quad A_1 = -1 \\ s = -2: \quad 3 &= -B_2 \quad \Rightarrow \quad B_2 = -3 \end{aligned}$$

Dadurch sind zwei der drei unbekannten Zähler einfach berechnet worden. Zur Bestimmung des dritten Zählers kann nun irgendein noch nicht verwendeter einfacher s-Wert, z.B. $s = 0$, eingesetzt werden.

$$s = 0: \quad -3 = -4 - 3 + 2B_2 \quad \Rightarrow \quad B_1 = 2$$

Damit ist die Partialbruchzerlegung der Bildfunktion bestimmt und es folgt

$$F(s) = -\frac{1}{s+1} - \frac{3}{(s+2)^2} + \frac{2}{s+2} \quad \text{und}$$

$$f(t) = -e^{-t} - 3t\,e^{-2t} + 2e^{-2t} .$$

c) Bildfunktionen mit einfachen komplexen Polen

Wir wollen uns hier auf einfache komplexe Pole beschränken, weil mehrfache komplexe Pole zu Teilbrüchen führen, deren Transformation in den Zeitbereich mit den Transformationsregeln, Sätzen und Korrespondenzen, die wir bisher kennen gelernt haben, nicht möglich ist.
Die Transformation der von mehrfachen komplexen Polen bedingten Teilbrüche in den Zeitbereich ist mit der im Abschn. 4.2 behandelten Residuenmethode oder mit dem Faltungssatz, den wir später besprechen werden, möglich.
Die Koeffizienten der echt gebrochen rationalen Bildfunktion $F(s)$ wurden als reell vorausgesetzt. Komplexe Pole treten daher stets paarweise, als konjugiert komplexe Polstellen auf.

Satz 4.18:

a) Hat die echt gebrochen rationale Bildfunktion $F(s)$ die einfachen komplexen Pole $s_0 = a + j b$ und $s_0^* = a - j b$, so gilt die Partialbruchzerlegung

$$F(s) = \frac{C_1 s + C_2}{s^2 - 2as + a^2 + b^2} + P(s) = F_0(s) + P(s)$$

wobei $P(s)$ die Summe der Partialbrüche ist, die durch die restlichen Polstellen bestimmt sind.

b) Einem Paar von einfachen, konjugiert komplexen Polen entspricht im Zeitbereich der Anteil

$$f_0(t) = e^{at} \left[C_1 \cos(bt) + \frac{C_2 + a C_1}{b} \sin(bt) \right]$$

Beweis:

a) Für $F(s)$ gilt $F(s) = \dfrac{Z(s)}{(s - s_0)(s - s_0^*)R(s)}$. $R(s)$ ist der Restfaktor des Nenners $N(s)$, den man nach Abspalten der Linearfaktoren $s - s_0$ und $s - s_0^*$ erhält. Da einfache komplexe Pole formal genauso behandelt werden können wie einfache reelle Pole, erhält man die Zerlegung

$$F(s) = \frac{A_1}{s - (a + j b)} + \frac{A_2}{s - (a - j b)} + P(s)$$

Die Berechnung der Zähler A_1 und A_2 kann wie bei einfachen reellen Polen erfolgen. Es zeigt sich dabei, dass A_1 und A_2 konjugiert komplexe Zahlen sind.

Fasst man die beiden Teilbrüche zusammen, um im Bereich der reellen Zahlen zu bleiben, so ergibt sich die Aussage des zu beweisenden Satzes.

b) Für den durch das Paar konjugiert komplexer Pole bedingten Teilbruch gilt

$$F(s) = \frac{C_1 s + C_2}{(s-a)^2 + b^2} = \frac{C_1(s-a)}{(s-a)^2 + b^2} + \frac{C_2 + aC_1}{(s-a)^2 + b^2}$$

Mit den Korrespondenzen für die Sinus- bzw. Kosinusfunktion und dem Dämpfungssatz folgt die zu beweisende Aussage.

Da die in Anwendungsaufgaben auftretenden komplexen Pole im allgemeinen negative Realteile haben, bedingt ein Paar von einfachen, konjugiert komplexen Polen im Zeitbereich dann eine gedämpfte Schwingung.

Beispiel 4.39. Zur Bildfunktion $F(s) = \dfrac{4s^2 + 25s + 45}{(s+1)(s^2 + 6s + 13)}$ soll die

zugehörige Zeitfunktion $f(t)$ bestimmt werden.

Die Bildfunktion hat einen einfachen reellen Pol bei $s_1 = -1$ und ein Paar von konjugiert komplexen Polen bei $s_2 = -3 + 2\mathrm{j}$ und $s_3 = -3 - 2\mathrm{j}$. Die Partialbruchzerlegung hat daher die Form

$$F(s) = \frac{A_1}{s+1} + \frac{C_1 s + C_2}{s^2 + 6s + 13}$$

Multipliziert man den Ansatz zur Partialbruchzerlegung mit

$$N(s) = (s + 1)(s^2 + 6s + 13), \text{ so folgt}$$

$$4s^2 + 25s + 45 = A_1(s^2 + 6s + 13) + (C_1 s + C_2)(s + 1)$$

$$
\begin{array}{lll}
s = -1: & 24 = 8A_1 & \Rightarrow \quad A_1 = 3 \\
s = 0: & 45 = 39 + C_2 & \Rightarrow \quad C_2 = 6 \\
s = 1: & 74 = 60 + 2(C_1 + 6) & \Rightarrow \quad C_1 = 1
\end{array}
$$

$\lim\limits_{s \to \infty} sF(s)$ ergibt die einfache Gleichung $4 = A_1 + C_1$, die anstelle der letzten Gleichung verwendet werden könnte.

Aus der Partialbruchzerlegung der Bildfunktion

$$F(s) = \frac{3}{s+1} + \frac{s+6}{s^2+6s+13} = \frac{3}{s+1} + \frac{s+3}{(s+3)^2+2^2} + \frac{3}{2}\frac{2}{(s+3)^2+2^2}$$

folgt die Zeitfunktion

$$f(t) = 3e^{-t} + e^{-3t}\left[\cos(2t) + \frac{3}{2}\sin(2t)\right].$$

Beispiel 4.40. Man berechne die Originalfunktion $f(t)$ zur Bildfunktion

$$F(s) = \frac{s^2+2s+3}{(s^2+2s+2)(s^2+2s+5)}.$$

Die Bildfunktion $F(s)$ besitzt zwei Paare von konjugiert komplexen Polen. Der Ansatz zur Partialbruchzerlegung lautet

$$F(s) = \frac{s^2+2s+3}{(s^2+2s+2)(s^2+2s+5)} = \frac{As+B}{s^2+2s+2} + \frac{Cs+D}{s^2+2s+5}.$$

Multiplizieren dieses Ansatzes zur Partialbruchzerlegung der Laplace-Transformierten $F(s)$ mit dem Hauptnenner $N(s) = (s^2 + 2s + 2)(s^2 + 2s + 5)$ ergibt die Identität

$$s^2+2s+3 = (As+B)(s^2+2s+5)+(Cs+D)(s^2+2s+2).$$

Da reelle Pole, deren Einsetzen jeweils eine Gleichung für nur eine Unbekannte ergibt, hier nicht vorhanden sind, erhält man durch Einsetzen von 4 möglichst einfachen s-Werten ein Gleichungssystem von 4 Gleichungen für die 4 Unbekannten mit den Lösungen

$$A=0, \quad B=\frac{1}{3}, \quad C=0 \quad \text{und} \quad D=\frac{2}{3}.$$

Eine Möglichkeit, das lineare Gleichungssystem für 4 Unbekannte zu vermeiden, um statt dessen 2 Gleichungssysteme für je 2 Unbekannte zu erhalten, besteht darin, komplexe Pole einzusetzen.

Der Faktor $(s^2 + 2s + 2)$ des Nenners hat die Nullstellen $s_1 = -1+j$ und $s_2 = -1-j$. Mit $s_1 = -1+j$ wird $s^2 + 2s = -2$ und man erhält

$$1 = 3[A(-1+j)+B] \quad \text{bzw.} \quad 1 = -3A + 3B + 3jA$$

Gleichsetzen der Real- und Imaginärteile der beiden Seiten der Gleichung liefert $A = 0$ und $B = 1/3$.

Mit $s = -1 + 2j$, einer komplexen Nullstelle des zweiten quadratischen Faktors des Nenners, folgt analog

$$C = 0 \quad \text{und} \quad D = \frac{2}{3}.$$

Für die Bildfunktion gilt daher die Partialbruchzerlegung

$$F(s) = \frac{1}{3} \frac{1}{(s+1)^2 + 1} + \frac{1}{3} \frac{1}{(s+1)^2 + 2^2}.$$

Damit folgt für die Zeitfunktion

$$f(t) = \frac{1}{3} e^{-t} \left[\sin(t) + \sin(2\,t) \right].$$

Übungsaufgaben zum Abschnitt 4.3.6 (Lösungen im Anhang)

Beispiel 4.41. Man bestimme die Originalfunktionen $f(t)$ zu den folgenden Bildfunktionen

a) $F(s) = \dfrac{s+4}{s^2 + 5s + 6}$

b) $F(s) = \dfrac{1}{(s-2)(s+2)(s+3)}$

c) $F(s) = \dfrac{s^3}{(s+3)^4}$

d) $F(s) = \dfrac{10s^3 + 20s^2 + s + 5}{(s+1)^2(s^2 + s - 2)}$

e) $F(s) = \dfrac{1}{s^2(s+1)^2}$

f) $F(s) = \dfrac{10}{(s+1)^2(s^2 + 8s + 17)}$

g) $F(s) = \dfrac{s+5}{(s+1)(s^2 + 1)}$

h) $F(s) = \dfrac{7s^2 - s + 12}{s^3 + s^2 + 3s + 3}$

i) $F(s) = \dfrac{2}{(s+2)^3}$

k) $F(s) = \dfrac{s+2}{s+1}$

l) $F(s) = -\dfrac{1}{s^2} + \dfrac{3s+1}{s^2(s+1)} e^{-s}$

m) $F(s) = \dfrac{3s^2 + 8s + 6}{(s+1)^3}$

4.3.7 Pol-Nullstellenplan einer echt gebrochen rationalen Bildfunktion

Sind s_{Ni} $(i = 1, 2, 3,..., n)$ die Nullstellen und s_{Pk} $(k = 1, 2, 3,..., m)$ die
Polstellen einer echt gebrochen rationalen Bildfunktion

$$F(s) = \frac{\displaystyle\sum_{i=1}^{n} a_i s^i}{\displaystyle\sum_{k=1}^{m} b_k s^k} = C \frac{(s - s_{N_1})(s - s_{N_2}) \cdots (s - s_{N_n})}{(s - s_{P_1})(s - s_{P_2}) \cdots (s - s_{P_m})}$$

mit reellen Koeffizienten, so sind durch die Lage der Null- und Polstellen
sowohl die Bildfunktion $F(s)$, als auch die Originalfunktion $f(t)$ bis auf einen
konstanten Faktor C bestimmt.

Man erhält nun einen Überblick über das Zeitverhalten der Originalfunktion
$f(t)$, wenn man die Nullstellen (o) und die Polstellen (∗) der Bildfunktion $F(s)$
in die komplexe s-Ebene einträgt. Für die Anwendungen der Laplace-
Transformation ist es überaus wichtig, dass aus der Lage der Polstellen
Aussagen über das Verhalten der Zeitfunktion $f(t)$ gemacht werden können.

Da die Koeffizienten a_i und b_k als reell vorausgesetzt wurden, sind die Null-
und Polstellen entweder reell oder paarweise konjugiert komplex. Es gilt daher
der folgende Satz:

Satz 4.19.

Der Pol-Nullstellenplan einer echt gebrochen rationalen Bildfunktion mit
reellen Koeffizienten ist symmetrisch zur reellen Achse.

Da durch die Pole die Partialbrüche bestimmt werden und durch die Art des
Partialbruches der zugehörige Anteil in der Zeitfunktion bestimmt ist, lässt
insbesondere die Art und Lage der Pole einfache Schlüsse auf die Art der
Originalfunktion $f(t)$ zu.

Einer einfachen Polstelle $s = -\delta$ auf der negativen reellen Achse entspricht in

der Partialbruchzerlegung ein Term $\dfrac{A}{s + \delta}$ und im Zeitbereich ein Anteil

$f(t) = A e^{-\delta t}$, der um so schneller abklingt, je weiter links die Polstelle liegt
(s. Bild 4.24 a, b).

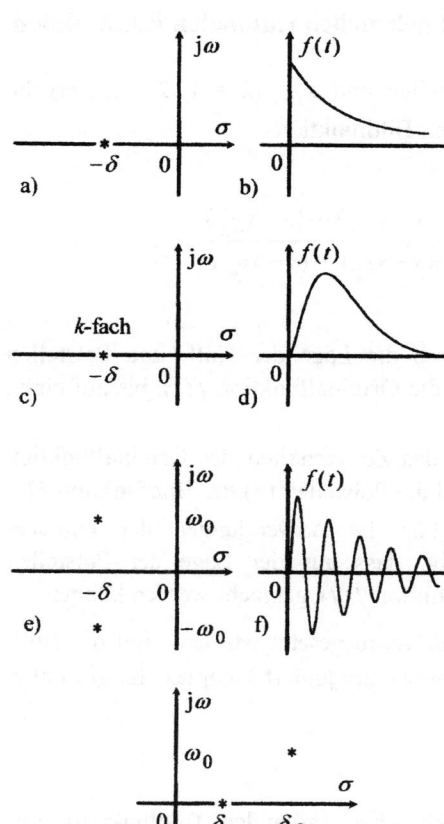

Liegt bei $s = -\delta$ eine k-fache Polstelle, so entspricht ihr im Zeitbereich ein Anteil

$$f(t) = e^{-\delta t}\sum_{n=1}^{k}\frac{B_n t^{n-1}}{(n-1)!}$$

(Bild 4.24 d)

Einem Paar von konjugiert komplexen Polen mit negativem Realteil entspricht im Bildbereich ein Teilbruch

$$\frac{C_1 s + C_2}{(s+\delta)^2 + \omega_0^2}$$

und im Zeitbereich eine gedämpfte Schwingung

$$f(t) = A\,e^{-t}\sin(\omega_0 t + \varphi)$$

(Bild 4.24 f)

Liegen die Polstellen in der rechten Halbebene, so entsprechen diesen im Zeitbereich ansteigende Anteile, wie etwa in Bild 4.24 h und 4.24 i

$$f(t) = A e^{-\delta_1 t} \qquad \text{oder}$$
$$f(t) = A e^{-\delta_2 t}\sin(\omega_0 t + \varphi)$$

Bild 4.24 Pol-Nullstellenpläne und zugehörige Zeitfunktionen

Einer im Ursprung liegenden einfachen Polstelle (Bild 4.25 a) entspricht im Bildbereich der Teilbruch $\dfrac{A}{s}$ und im Zeitbereich die Konstante

$$f(t) = A\varepsilon(t)$$

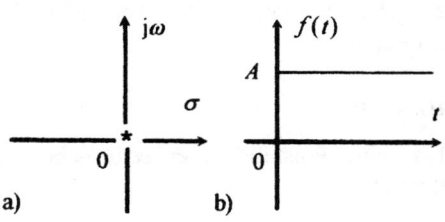

Ein Paar von Polstellen auf der imaginären Achse nach Bild 4.25 c bedingt den Teilbruch

$$\frac{C_1 s + C_2}{s^2 + \omega_0^2}$$

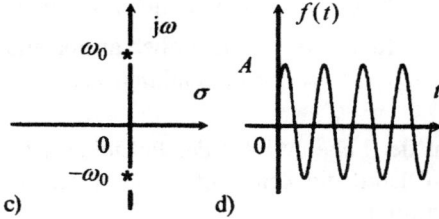

d.h. im Zeitbereich eine stationäre harmonische Schwingung

$$f(t) = A\sin(\omega_0 t + \varphi)$$

(Bild 4.25 d)

Liegen im Sonderfall auf der imaginären Achse unendlich viele Polstellen in gleichen Abständen ω_0 (Bild 4.25 e), so ist die zugehörige Bildfunktion $F(s)$ keine rationale Funktion.

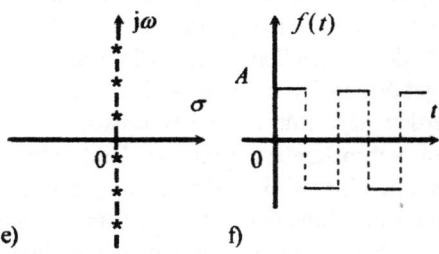

Bild 4.25 Pol-Nullstellenplan und zugehörige Zeitfunktionen

Da jedem Polstellenpaar $s = \pm jk\omega_0$ eine stationäre harmonische Schwingung der Kreisfrequenz $k\omega_0$ entspricht, gehört zu dieser Bildfunktion im Zeitbereich eine unendliche Summe von harmonischen Schwingungen, die im Falle der Konvergenz, als Fourierreihe einer stationären periodischen Zeitfunktion aufgefasst werden kann. In Bild 4.25 f ist eine dieser möglichen Zeitfunktionen dargestellt.

Wir haben einen einfachen Zusammenhang zwischen der Lage der Polstellen einerseits und der Art der zugehörigen Zeitfunktionen andererseits kennen gelernt.

Der folgende Satz fasst vereinfacht die Ergebnisse unserer Überlegungen zusammen.

Satz 4.20:

Ist s_i eine Polstelle einer echt gebrochen rationalen Bildfunktion $F(s)$, so entspricht

$\mathrm{Re}\, s_i < 0$ ein zeitlich abklingender (flüchtiger) Anteil,

$\mathrm{Re}\, s_i = 0$ ein zeitlich konstanter (stationärer) Anteil,

$\mathrm{Re}\, s_i > 0$ ein zeitlich ansteigender Anteil in der zugehörigen Zeitfunktion $f(t)$

Aus der Lage und Art der Polstellen ist der Ansatz zur Partialbruchzerlegung und damit die Zeitfunktion im wesentlichen, d.h. bis auf konstante Faktoren bestimmt.

Aus der Art und der Lage der Polstellen auf die Zeitfunktion zu schließen ist für viele Überlegungen gerade in der Elektrotechnik wichtig. So kann etwa aus der Art der Polstellen einer Übertragungsfunktion auf das Zeitverhalten des zugehörigen Übertragungsgliedes geschlossen werden. Diese Zusammenhänge werden aber nur dann erkennbar, wenn die inverse Laplace-Transformation echt gebrochenen rationaler Bildfunktionen über die Partialbruchzerlegung durchgeführt wird. Arbeitet man nur mit Korrespondenztabellen, so bleiben diese Einsichten verschlossen. Damit möchte ich aber nicht grundsätzlich gegen den Gebrauch von Korrespondenztabellen aussprechen.

Beispiel 4.42.   Eine echt gebrochen rationale Bildfunktion hat die folgenden Pole:

$$s_1 = -3, \quad s_2 = -2 + 3\mathrm{j} \ \text{ und } \ s_3 = -2 - 3\mathrm{j}.$$

Was lässt sich über die zugehörige Zeitfunktion $f(t)$ aussagen?

Alle Pole haben einen negativen Realteil. Die Zeitfunktion $f(t)$ ist daher abklingend. Die einfache reelle Polstelle bei $s_1 = -3$ bedingt im Zeitbereich eine abklingende Exponentialfunktion, das Paar von konjugiert komplexen Polen mit negativem Realteil eine gedämpfte Schwingung mit der Kreisfrequenz $\omega = 3$. Die Zeitfunktion hat daher die Form

$$f(t) = A\mathrm{e}^{-3t} + \mathrm{e}^{-2t}\left[B\sin(3t) + C\cos(3t)\right]$$

4.3.8 Faltungssatz

Der Faltungssatz erschließt einen Weg, die inverse Laplace-Transformation durchzuführen, wenn die Bildfunktion $F(s)$ in zwei Faktoren zerlegt werden kann, deren Originalfunktionen bekannt sind.

Satz 4.21: Faltungssatz

Dem Produkt $F_1(s)F_2(s)$ zweier Bildfunktionen entspricht im Zeitbereich die Faltung $f_1(t) * f_2(s)$ der zugehörigen Originalfunktionen

$$\left.\begin{array}{c} F_1(s) \; \bullet\!\!-\!\!\circ \; f_1(t) \\ F_2(s) \; \bullet\!\!-\!\!\circ \; f_2(t) \end{array}\right\} \;\Rightarrow\; F_1(s)F_2(s) \; \bullet\!\!-\!\!\circ \; f_1(t) * f_2(t), \tag{4.52}$$

wobei die Faltung zweier kausaler Zeitfunktionen durch das Integral

$$f_1(t) * f_2(t) = \int\limits_0^t f_1(\tau)f_2(t-\tau)\,d\tau \tag{4.53}$$

definiert ist.

Beweis:
Wir gehen von der Integraldefinition der Laplace-Transformation aus und erhalten unter der Voraussetzung, dass die auftretenden Integrale absolut konvergieren

$$f_1(t) * f_2(t) \; \circ\!\!-\!\!\bullet \; \int\limits_0^\infty \left[\int\limits_0^t f_1(\tau)f_2(t-\tau)\,d\tau \right] \mathrm{e}^{-st}\,dt =$$

$$= \int\limits_0^\infty \int\limits_0^\infty f_1(\tau)f_2(t-\tau)\varepsilon(t-\tau)\mathrm{e}^{-st}\,d\tau\,dt$$

Durch die Multiplikation mit dem Faktor

$$\varepsilon(t-\tau) = \begin{cases} 1 & \text{für } \tau < t \\ 0 & \text{für } \tau > t \end{cases}$$

ist erreicht worden, dass auch für die Variable τ des inneren Integrals die Integrationsgrenzen 0 und ∞ gesetzt werden können, da für Zeitpunkte $\tau > t$ der Ausdruck

$$f_1(\tau)f_2(t-\tau)\varepsilon(t-\tau) = 0 \quad \text{ist.}$$

Vertauscht man die Reihenfolge der Integrationen, was erlaubt ist, da wir die absolute Konvergenz der Integrale vorausgesetzt haben, so ergibt sich

$$f_1(t) * f_2(t) \circ\!\!-\!\!\bullet \int\limits_0^\infty f_1(\tau) \left[\int\limits_0^\infty f_2(t-\tau)\,\varepsilon(t-\tau)\,\mathrm{e}^{-st}\,dt \right] d\tau$$

Durch Anwenden des Verschiebungssatzes und der Definition der Laplace-Transformation erkennt man

$$\int\limits_0^\infty f_2(t-\tau)\,\varepsilon(t-\tau)\,\mathrm{e}^{-st}\,dt = F_2(s)\,\mathrm{e}^{-s\tau},$$

da die Funktion $f_2(t-\tau)\,\varepsilon(t-\tau)$ gegenüber $f_2(t)$ um τ verschoben ist. Hiermit folgt weiter

$$f_1(t) * f_2(t) \circ\!\!-\!\!\bullet \int\limits_0^\infty f_1(\tau) F_2(s)\,\mathrm{e}^{-s\tau}\,d\tau = F_2(s) \int\limits_0^\infty f_1(\tau)\,\mathrm{e}^{-s\tau}\,d\tau$$

Da das letzte Integral nach der Definitionsgleichung der Laplace-Transformation $F_1(s)$, die Bildfunktion von $f_1(t)$ ist, folgt hieraus schließlich der Faltungssatz.

Dass die Integrationsvariable τ, statt t heißt, ist für das bestimmte Integral ohne Bedeutung.

Satz 4.22:

Die Faltung ist kommutativ und assoziativ, d.h. es gilt

$$f_1(t) * f_2(t) = f_2(t) * f_1(t) \qquad \text{und}$$
$$f_1(t) * [f_2(t) * f_3(t)] = [f_1(t) * f_2(t)] * f_3(t)$$

Auf den relativ einfachen Beweis von Satz 4.22 sei hier verzichtet.

Für Anwendungen des Faltungssatzes ist es von Bedeutung, dass die Reihenfolge der Faltungen verändert werden kann.

Der Faltungssatz liefert auch in Fällen, in denen das Faltungsintegral nicht in analytischer Form gelöst werden kann, eine Aussage über die Zeitfunktion $f(t)$, wenn für eine Folge von Zeitpunkten t_i das Faltungsintegral mit numerischen Näherungsverfahren bestimmt wird.

Beispiel 4.43. Zur Bildfunktion $F(s) = \dfrac{as}{(s^2 + a^2)^2}$ soll die Originalfunktion $f(t)$ berechnet werden.

Die Bildfunktion $F(s)$ hat an den Stellen $s = \pm ja$ zweifache komplexe Pole. Wir zerlegen die gegebene Bildfunktion

$$F(s) = \frac{s}{(s^2 + a^2)} \frac{a}{(s^2 + a^2)} = F_1(s) F_2(s)$$

in Produkt von zwei Bildfunktionen. Mit den Korrespondenzen

$$F_1(s) \quad \bullet\!-\!\circ \quad f_1(t) = \cos(at) \quad \text{und} \quad F_2(s) \quad \bullet\!-\!\circ \quad f_2(t) = \sin(at)$$

liefert der Faltungssatz die Zeitfunktion

$$f(t) = f_1(t) * f_2(t) = \int_0^t \cos(a\tau)\sin(at - a\tau)d\tau$$

Zur Berechnung des Faltungsintegrals verwandeln wir das Produkt der beiden trigonometrischen Funktionen mit

$$\sin(\alpha)\cos(\beta) = \frac{1}{2}\left[\sin(\alpha + \beta) + \sin(\alpha - \beta)\right]$$

in eine Summe von Sinusfunktionen und finden so

$$f(t) = f_1(t) * f_2(t) = \frac{1}{2}\int_0^t \left[\sin(at)\sin(at - 2a\tau)\right]d\tau =$$

$$= \frac{1}{2}\sin(at)\int_0^t d\tau + \frac{1}{2}\int_0^t \sin(at - 2a\tau)\,d\tau =$$

$$= \frac{1}{2}t\sin(at) + \frac{1}{4a}\left[\cos(at - 2a\tau)\right]_0^t = \frac{1}{2}t\sin(at)$$

Wir haben damit die folgende Korrespondenz gewonnen.

$$\frac{as}{(s^2 + a^2)^2} \quad \bullet\!-\!\circ \quad \frac{1}{2}t\sin(at) \tag{4.54}$$

Die Bildfunktion $F(s)$ besitzt zweifache komplexe Pole bei $s = \pm ja$.
Mit den besprochenen Methoden der Partialbruchzerlegung kann die Zeitfunktion $f(t)$ nicht bestimmt werden. Der Faltungssatz jedoch ermöglicht es, eine entsprechende Korrespondenz herzuleiten. In der praktischen Anwendung wird man aber in solchen Fällen auf Korrespondenztabellen zurückgreifen.

Übungsaufgaben zum Abschnitt 4.3.8 (Lösungen im Anhang)

Beispiel 4.44. Man berechne mit dem Faltungssatz die Originalfunktion $f(t)$ zu

$$F(s) = \frac{s^2}{(s^2+1)^2}.$$

Beispiel 4.45. Zur Bildfunktion $F(s) = \dfrac{1}{(s-s_1)(s-s_2)}$ soll $f(t)$

a) durch Partialbruchzerlegung,   b) mit dem Faltungssatz und
c) mit der Residuenmethode bestimmt werden.

Beispiel 4.46. Man berechne $f(t)$ zur Bildfunktion $F(s) = \dfrac{s}{(s^2+1)^3}.$

Hinweis: Man verwende die als Ergebnis von Beispiel 4.43 bekannte
Korrespondenz (4.54) für $a = 1$.

4.3.9 Inverse Laplace-Transformation durch Reihenentwicklung
der Bildfunktion

Im Abschnitt 4.3.6 haben wir echt gebrochen rationale Bildfunktionen in
Partialbrüche zerlegt. Die vorgegebene Bildfunktion $F(s)$ wurde dabei als eine
endliche Summe von Teilfunktionen

$$F(s) = \sum_{i=1}^{m} F_i(s)$$

dargestellt und gliedweise in den Zeitbereich transformiert. Man erhält so die
zugehörige Zeitfunktion

$$f(t) = \sum_{i=1}^{m} f_i(t),$$

wobei die Zeitfunktionen $f_i(t)$ die Originalfunktionen zu den Bildfunktionen
$F_i(s)$ sind, d.h. es gelten die Korrespondenzen

$$F_i(s) \bullet\!\!-\!\!\circ f_i(t).$$

Es liegt nun nahe, dieses Verfahren auch auf Fälle zu übertragen, in denen eine inverse Laplace-Transformation durch bekannte Korrespondenzen oder durch Partialbruchentwicklungen uns zunächst nicht möglich ist. Wir haben bisher beispielsweise kein Verfahren kennen gelernt, zu einer transzendenten Bildfunktion $F(s)$ die zugehörige Zeitfunktion $f(t)$ zu bestimmen.

Man entwickelt die Bildfunktion $F(s)$ in eine unendliche Reihe

$$F(s) = \sum_{i=1}^{\infty} F_i(s)$$

von Teilfunktionen $F_i(s)$ und betrachtet die Originalfunktion $f(t)$ als unendliche Summe der zugehörigen Originalfunktionen $f_i(t)$.

Dieses gliedweise Übersetzen einer unendlichen Summe von Bildfunktionen $F_i(s)$ in den Zeitbereich ist aber nur unter gewissen Voraussetzungen möglich. Ohne Beweis sei daher der folgende Satz angegeben.

Satz 4.23:

a) Ist die Bildfunktion $F(s) = \sum_{i=1}^{\infty} F_i(s) \bullet\!-\!\circ \sum_{i=1}^{\infty} f_i(t)$ als unendliche Summe

von Laplace-Transformierten $F_i(s)$ der Zeitfunktionen $f_i(t)$ darstellbar, so konvergiert die Summe der Zeitfunktionen $f_i(t)$ gegen eine Funktion

$f(t) = \sum_{i=1}^{\infty} f_i(t)$, die Originalfunktion von $F(s)$ ist, wenn

1. die Laplace-Integrale der Funktionen $f_i(t)$ absolut konvergieren, wenn also für alle i

$$\int_0^{\infty} \left| f_i(t)e^{-st} \right| dt < M \text{ gilt und}$$

2. auch die Summe diese Integrale konvergiert.

b) Ist im Sonderfall die Bildfunktion eine Reihe der Form $F(s) = \sum_{n=1}^{\infty} a_n s^{-n}$,

so gilt für die zugehörige Zeitfunktion $f(t) = \sum_{n=1}^{\infty} a_n \dfrac{t^{n-1}}{(n-1)!}$

Beispiel 4.47. Zur Bildfunktion $F(s) = \dfrac{1}{(s^2+1)^2}$ mit zweifachen kom-

plexen Polen an den Stellen $s = \pm\, j$ soll eine Reihendarstellung der zugehörigen Originalfunktion $f(t)$ bestimmt werden.

Durch Dividieren erhält man

$$F(s) = \frac{1}{s^4 + 2s^2 + 1} = \frac{1}{s^4} - \frac{2}{s^6} + \frac{3}{s^8} - \frac{4}{s^{10}} + \frac{5}{s^{12}} - + \cdots$$

Überträgt man diese Reihe Glied für Glied in den Zeitbereich, so ist mit

$$f(t) = \frac{t^3}{3!} - \frac{2t^5}{5!} + \frac{3t^7}{7!} - \frac{4t^9}{9!} + \frac{5t^{11}}{11!} - + \cdots$$

eine Reihenentwicklung für die gesuchte Originalfunktion gefunden.
In diesem Fall lässt sich die Originalfunktion auch in einer analytischen Form angeben. Mit dem Faltungssatz erhält man

$$f(t) = \frac{1}{2}\big[\sin(t) - t\cos(t)\big]$$

Beispiel 4.48. Gegeben ist die Zeitfunktion $f(t) = \dfrac{\sin(t)}{t}$. Es soll die zugehörige Laplace-Transformierte $F(s)$ bestimmt werden.

Ausgehend von der Reihenentwicklung für die Sinusfunktion

$$\sin(t) = t - \frac{t^3}{3!} + \frac{t^5}{5!} - \frac{t^7}{7!} + - \cdots = \sum_{k=0}^{\infty} (-1)^k \frac{t^{2k+1}}{(2k+1)!}$$

erhält man für die Zeitfunktion $f(t)$ die Reihendarstellung

$$f(t) = \frac{\sin(t)}{t} = 1 - \frac{t^2}{3!} + \frac{t^4}{5!} - \frac{t^6}{7!} + - \cdots = \sum_{k=0}^{\infty} (-1)^k \frac{t^{2k}}{(2k+1)!}$$

Gliedweises Transformieren in den Bildbereich liefert eine Reihendarstellung für die gesuchte Laplace-Transformierte

$$F(s) = \frac{1}{s} - \frac{2!}{3!\, s^3} + \frac{4!}{5!\, s^5} - \frac{6!}{7!\, s^7} + - \cdots = \sum_{k=0}^{\infty} \frac{(-1)^k}{2k+1}\left[\frac{1}{s}\right]^{2k+1}$$

Vergleicht man die Reihe der Bildfunktion $F(s)$ mit der Reihenentwicklung der Funktion

$$\arctan(z) = z - \frac{z^3}{3} + \frac{z^5}{5} - \frac{z^7}{7} + - \cdots = \sum_{k=0}^{\infty} \frac{(-1)^k}{2k+1} z^{2k+1}$$

so erkennt man die Korrespondenz

$$\frac{\sin(t)}{t} \circ\!\!-\!\!\bullet \arctan\left(\frac{1}{s}\right) \tag{4.55}$$

Mit Hilfe der Definition der Laplace-Transformation erhält man aus dieser Korrespondenz die Gleichung

$$\int_0^{\infty} \frac{\sin(t)}{t} e^{-st} dt = \arctan\left(\frac{1}{s}\right) \tag{4.56}$$

Eine bei vielen Problemen der Nachrichtentechnik auftretende Funktion ist der durch

$$\mathrm{Si}(t) = \int_0^t \frac{\sin(z)}{z} dz$$

definierte **Integralsinus.**
Im Grenzfall $s \to 0$ liefert Gl. (4.56)

$$\int_0^{\infty} \frac{\sin(t)}{t} dt = \mathrm{Si}(\infty) = \arctan(\infty) = \frac{\pi}{2}$$

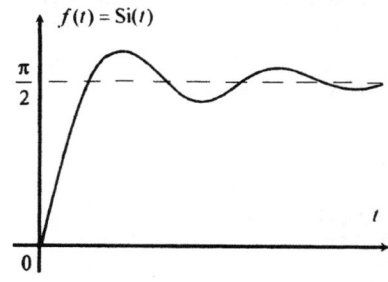

Bild 4.26 Integralsinus

Damit ist auf dem Umweg über die Laplace-Transformation der Grenzwert

$$\lim_{t \to \infty} \mathrm{Si}(t) = \frac{\pi}{2}$$

gefunden worden. Der Verlauf der Zeitfunktion $f(t) = \mathrm{Si}(t)$ ist in Bild 4.26 dargestellt.

Beispiel 4.49. Zur Bildfunktion $F(s) = \dfrac{s^2 + s}{s^3 + 2s^2 + 3s + 4}$ soll eine Reihenentwicklung der Originalfunktion $f(t)$ bestimmt werden.

Durch Polynomdivision erhält man $F(s) = \dfrac{1}{s} - \dfrac{1}{s^2} - \dfrac{1}{s^3} + \dfrac{1}{s^4} + \dfrac{5}{s^5} + \cdots$

und damit die Zeitfunktion $f(t) = 1 - t - \dfrac{t^2}{2!} + \dfrac{t^3}{3!} + \dfrac{5t^4}{4!} + \cdots$

Eine derartige Reihenentwicklung einer echt gebrochen rationalen Bildfunktion ist dann angebracht, wenn eine Partialbruchentwicklung, etwa wegen der Berechnung der Polstellen zu kompliziert erscheint, oder wenn das Verhalten der Zeitfunktion nur für kleine Werte von t interessiert, sodass nur wenige Glieder der Reihe benötigt werden.

Übungsaufgaben zum Abschnitt 4.3.9   (Lösungen im Anhang)

Beispiel 4.50. Man bestimme Reihenentwicklungen für die Originalfunktionen $f(t)$ zu den folgenden Bildfunktionen

a) $F(s) = \dfrac{s^2}{s^4 + 1}$

b) $F(s) = \dfrac{1}{s^3 + 1}$

c) $F(s) = \dfrac{e^{-\frac{1}{s}}}{s}$

d) $F(s) = \dfrac{1}{s} \cos\left(\dfrac{1}{s}\right)$

4.3.10   Integrationssatz für die Originalfunktion

Der Integrationssatz für die Originalfunktion beschreibt den Zusammenhang zwischen der Laplace-Transformierten einer Zeitfunktion $f(t)$ und der Laplace-Transformierten des Integrals über diese Zeitfunktion. Zusammen mit dem im nächsten Abschnitt behandelten Differentiationssatz für die Originalfunktion spielt er eine wesentliche Rolle bei den Anwendungen der Laplace-Transformation.

Satz 4.24:

Ist $F(s) = L\{f(t)\}$ die Laplace-Transformierte der Zeitfunktion $f(t)$, so ist die Laplace-Transformierte des Integrals über die Zeitfunktion vom Zeitpunkt 0 bis zum Zeitpunkt t gegeben durch $\dfrac{1}{s} F(s)$.

$$f(t) \circ\!\!-\!\!\bullet F(s) \quad \Rightarrow \quad \int\limits_0^t f(\tau)d\tau \;\circ\!\!-\!\!\bullet \frac{1}{s} F(s) \tag{4.57}$$

Beweis: Zum Beweis des Integrationssatzes für die Originalfunktion verwenden wir den Faltungssatz (Abschn. 4.3.8).

Wählen wir $\qquad F_1(s) = F(s) \;\bullet\!\!-\!\!\circ\; f(t)$

und $\qquad\qquad F_2(s) = \dfrac{1}{s} \;\bullet\!\!-\!\!\circ\; 1$

so folgt mit dem Faltungssatz

$$F(s)\frac{1}{s} \;\bullet\!\!-\!\!\circ\; f(t) * 1 = \int\limits_0^t f(\tau)d\tau$$

Der Integrationssatz macht die wichtige Aussage, dass dem Integral über die Zeitfunktion im Bildbereich die Multiplikation der Bildfunktion mit dem Faktor $1/s$ entspricht.

Eine Integration im Zeitbereich bedingt daher im Bildbereich nur eine einfache Multiplikation mit dem Faktor $1/s$. Dadurch ergeben sich für die Lösung von Problemen im Bildbereich wesentliche Vereinfachungen gegenüber der Lösung des gleichen Problems im Zeitbereich. Statt einer Integration im Zeitbereich, erfolgt im Bildbereich eine einfache Multiplikation.

Beispiel 4.51.   Man bestimme die Laplace-Transformierte der Zeitfunktion

$$f(t) = \int_0^t \tau^5 e^{-5\tau} d\tau = \int_0^t f_1(\tau) d\tau.$$

Für die Zeitfunktion $f_1(t) = t^5 e^{-5t}$ erhalten wir mit dem Dämpfungssatz die

Bildfunktion $F_1(s) = \dfrac{5!}{(s+5)^6}$. Mit dem Integrationssatz folgt

$$f(t) = \int_0^t \tau^5 e^{-5\tau} d\tau \bullet\!-\!\circ F(s) = \frac{120}{s\,(s+5)^6}.$$

Beispiel 4.52.
a)   An ein RC-Glied wird zur Zeit $t = 0$ die Spannung $u(t) = U_0 \varepsilon(t)$
      angelegt. Man berechne den Strom $i(t)$, wenn zum Zeitpunkt $t = 0$ der
      Kondensator ungeladen ist.

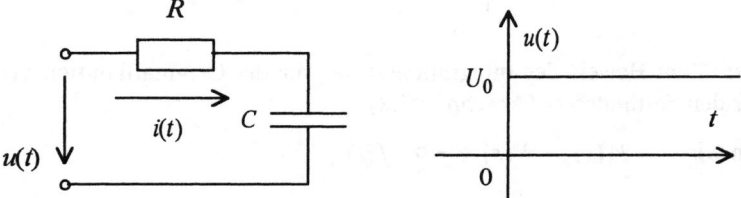

Bild 4.27 RC-Glied und angelegte Spannung $u(t)$

Transformiert man die "Spannungsgleichung"

$$u_R(t) + u_C(t) = R\,i(t) + \frac{1}{C}\int_0^t i(\tau)d\tau = U_0\,\varepsilon(t)$$

unter Verwendung des Integrationssatzes in den Bildbereich, so erhält man mit
$I(s)$, der Laplace-Transformierten des gesuchten Stromes $i(t)$

$$R\,I(s) + \frac{1}{C\,s}I(s) = \frac{U_0}{s} \qquad\qquad \text{und daraus den Bildstrom}$$

$$I(s) = \frac{U_0}{s}\,\frac{1}{R + \dfrac{1}{Cs}} = \frac{U_0}{s}\,\frac{Cs}{RCs+1} = \frac{U_0}{R}\,\frac{1}{s + \dfrac{1}{RC}}$$

Inverse Laplace-Transformation ergibt den gesuchten Strom

$$i(t) = \frac{U_0}{R} e^{-\frac{t}{RC}}$$

b) An das RC-Glied werde nun zum Zeitpunkt $t = 0$ ein sehr kurze Zeit
wirkender Spannungsimpuls (Deltaimpuls) $u(t) = A\delta(t)$ ($A = 1$ Vs) der
Impulsfläche 1 Vs angelegt.

Analog zu a) erhält man aus der Spannungsgleichung

$$u_R(t) + u_C(t) = Ri(t) + \frac{1}{C}\int_0^t i(\tau)d\tau = A\delta(t)$$

mit der Korrespondenz $A\delta(t) \; \circ\!\!-\!\!\bullet \; A$

$$RI(s) + \frac{1}{C}\frac{1}{s}I(s) = A \;\Rightarrow\; I(s) = \frac{A}{R+\dfrac{1}{Cs}} = \frac{A}{R}\frac{s}{s+\dfrac{1}{RC}}$$

Die Laplace-Transformierte $I(s)$ des Stromes ist hier keine echt gebrochen
rationale Funktion. Durch Polynomdivision erhält man:

$$I(s) = \frac{A}{R}\left[1 - \frac{\dfrac{1}{RC}}{s+\dfrac{1}{RC}}\right].$$

Durch inverse Laplace-Transformation folgt daraus für den gesuchten Strom

$$i(t) = \frac{A}{R}\delta(t) - \frac{A}{R^2C}e^{-\frac{t}{RC}}$$

Der angelegte Spannungsimpuls hat zunächst einen Stromimpuls der Impulsfläche $\dfrac{1}{R}$ As zur Folge. Darauf folgt der Entladungsstrom des Kondensators.

Beachtet man $A = 1$ Vs, so erkennt man, dass die Gleichung für den Strom $i(t)$
auch dimensionsmäßig richtig ist.

Beispiel 4.53. Man bestimme die Bildfunktion $F(s)$ des „Dreieckimpulses" nach Bild 4.28 a.

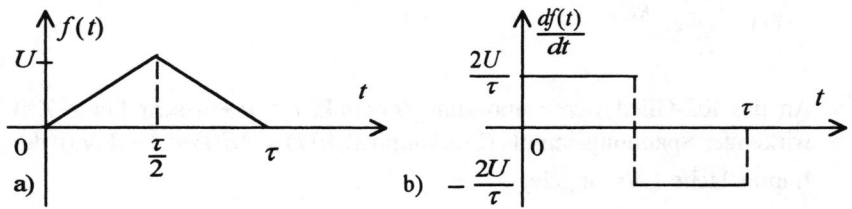

Bild 4.28 Zeitfunktion $f(t)$ und ihre Ableitung $f'(t)$

Wir betrachten nun die Ableitung der gegebenen Zeitfunktion

$$f'(t) = \begin{cases} \dfrac{2U}{\tau} & \text{für } 0 < t < \dfrac{\tau}{2} \\[2mm] -\dfrac{2U}{\tau} & \text{für } \dfrac{\tau}{2} < t < \tau \\[2mm] 0 & \text{für alle übrigen Zeitpunkte} \end{cases}$$

Die Ableitung der gegebenen Zeitfunktion lässt sich einfach aus Sprungfunktionen zusammensetzen (Bild 4.28). Man erhält

$$f'(t) = \frac{2U}{\tau}\left[\varepsilon(t) - 2\varepsilon\left(t - \frac{\tau}{2}\right) + \varepsilon(t - \tau)\right]$$

und unter Beachtung des Verschiebungssatzes die Laplace-Transformierte

$$\mathrm{L}\{f'(t)\} = \frac{2U}{\tau}\frac{1}{s}\left[1 - 2e^{-\frac{s\tau}{2}} + e^{-s\tau}\right] = \frac{2U}{s\tau}\left[1 - e^{-\frac{s\tau}{2}}\right]^2$$

Mit dem Integrationssatz für die Originalfunktion folgt

$$F(s) = \mathrm{L}\{f(t)\} = \mathrm{L}\left\{\int\limits_0^t f'(z)dz\right\} = \frac{2U}{s^2\tau}\left[1 - e^{-\frac{s\tau}{2}}\right]^2$$

Übungsaufgaben zum Abschnitt 4.3.10   (Lösungen im Anhang)

Beispiel 4.54. Aus der Korrespondenz $\dfrac{1}{s+a}$ $\bullet\!\!-\!\!\circ$ e^{-at} sollen durch zweimaliges Anwenden des Integrationssatzes für die Originalfunktion neue Korrespondenzen gewonnen werden.

Beispiel 4.55. Bestimmen Sie die Laplace-Transformierten $F(s)$ für die folgenden Originalfunktionen

a) $\quad f(t) = \mathrm{Si}(t) = \displaystyle\int_{0}^{t} \frac{\sin(\tau)}{\tau}\,d\tau$ (s. Beispiel 4.48)

b) $\quad f(t) = \displaystyle\int_{0}^{t}\left[\tau^{2} + 2\tau\right]e^{-3\tau}\,d\tau$

Beispiel 4.56. Für die Zeitfunktion nach Bild 4.29 berechne man unter Verwendung des Integrationssatzes für die Originalfunktion die Laplace-Transformierte $F(s)$.

a) $\quad f(t) = \begin{cases} \dfrac{U_0}{\tau}\,t & \text{für } \ 0 \le t \le \tau \\[2mm] U_0 & \text{für } \quad t > \tau \end{cases}$

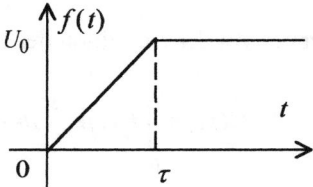

Bild 4.29 a Zeitfunktion $f(t)$

b) $\quad f(t) = \begin{cases} \dfrac{U_0}{\tau}\,t & \text{für} \quad 0 \le t \le \tau \\[2mm] U_0 & \text{für} \quad \tau < t \le 2\tau \\[2mm] 3U_0 - \dfrac{U_0}{\tau}\,t & \text{für } 2\tau < t \le 3\tau \\[2mm] 0 & \text{für} \quad t > 3\tau \end{cases}$

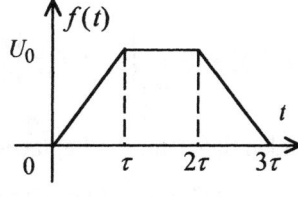

Bild 4.29 b Zeitfunktion $f(t)$

4.3.11   Differentiationssatz für die Originalfunktion

Der Differentiationssatz für die Originalfunktion beschreibt den Zusammenhang zwischen der Laplace - Transformierten $F(s)$ einer Zeitfunktion $f(t)$ und
der Laplace-Transformierten ihrer Ableitung $f'(t) = \dfrac{df(t)}{dt}$.

Satz 4.25:

Es sei $f(t)$ eine kausale Zeitfunktion mit dem rechtsseitigen Grenzwert

$$\lim_{t \to +0} f(t) = f(+0),$$

deren Ableitung $f'(t)$ für alle Zeitpunkte $t > 0$ existiert und für die das

Laplace-Integral $\displaystyle\int_0^\infty f'(t)\mathrm{e}^{-st} dt$ konvergiert. Dann gilt

$$f(t) \circ\!\!-\!\!\bullet\ F(s) \quad \Rightarrow \quad f'(t) \circ\!\!-\!\!\bullet\ s F(s) - f(+0) \tag{4.58}$$

Beweis: Mit der Definition der Laplace-Transformation erhält man

$$L\{f'(t)\} = \int_0^\infty f'(t)\mathrm{e}^{-st} dt = \lim_{t_0 \to 0} \int_{t_0}^\infty f'(t)\mathrm{e}^{-st} dt$$

Eine partielle Integration mit

$$u = \mathrm{e}^{-st} \Rightarrow u' = -s\,\mathrm{e}^{-st} \quad \text{und} \quad v' = f'(t) \Rightarrow v = f(t) \quad \text{ergibt}$$

$$L\{f'(t)\} = \lim_{t_0 \to 0} \left\{ \left[\mathrm{e}^{-st} f(t)\right]_{t_0}^\infty + s \int_{t_0}^\infty f(t)\mathrm{e}^{-st} dt \right\} = -\lim_{t_0 \to 0} f(t_0) + s F(s)$$

Wir finden daher für die Laplace-Transformierte der Ableitung

$$L\{f'(t)\} = s F(s) - f(+0).$$

Dem Differenzieren der Zeitfunktion $f(t)$ entspricht im Bildbereich, abgesehen
von der Subtraktion der Konstanten $f(+0)$, im wesentlichen eine Multiplikation
der Bildfunktion $F(s)$ mit der Bildvariablen s.

Zum Beweis des Differentiationssatzes wurde die Existenz der Ableitung für den Zeitpunkt $t = 0$ nicht vorausgesetzt, da insbesondere bei den Anwendungen der Laplace-Transformation häufig Zeitfunktionen auftreten, deren Ableitungen für $t = 0$ nicht definiert sind. Die Ableitung $f'(t)$ existiert in manchen Fällen schon deswegen nicht, da die Zeitfunktion $f(t)$ für $t = 0$ keinen definierten Funktionswert $f(0)$ besitzt. Es wird daher nur angenommen, dass der rechtsseitige Grenzwert $f(+0)$ vorhanden ist.

Wenden wir Gl. (4.58) auf die Zeitfunktion $f'(t)$ an, so folgt für die Laplace-Transformierte der 2. Ableitung

$$L\{f''(t)\} = s\,L\{f'(t)\} - f'(+0) = s^2 F(s) - s\,f(+0) - f'(+0)$$

Durch Fortsetzen dieses Verfahrens erhält man die allgemeine Form des Differentiationssatzes für die Originalfunktion

Satz 4.26:

Es sei $f(t)$ eine kausale Zeitfunktion, deren k-te ($k = 1, 2, ..., n$) Ableitungen $f^{(k)}(t)$ für alle Zeitpunkte $t > 0$ existieren und deren Laplace-Integrale

$$\int\limits_0^\infty f^{(k)}(t)\,e^{-st}\,dt$$

konvergieren. Aus der Korrespondenz $f(t) \circ\!-\!\bullet\, F(s)$ folgt dann

$$\begin{aligned} f^{(n)}(t) \;\circ\!-\!\bullet\; & s^n F(s) - s^{n-1} f(+0) - s^{n-2} f'(+0) - \cdots \\ & - s\,f^{(n-2)}(+0) - f^{(n-1)}(+0) \end{aligned} \tag{4.60}$$

Die Lapalce-Transformierten der häufig gebrauchten Ableitungen erster bis dritter Ordnung sind im Folgenden explizit aufgeführt.

$$f(t) \circ\!-\!\bullet\, F(s) \;\Rightarrow\; f'(t) \circ\!-\!\bullet\, sF(s) - f(+0)$$

$$f''(t) \circ\!-\!\bullet\, s^2 F(s) - s\,f(+0) - f'(+0)$$

$$f'''(t) \circ\!-\!\bullet\, s^3 F(s) - s^2 f(+0) - s\,f'(+0) - f''(+0)$$

Beispiel 4.57. Aus der Korrespondenz $\dfrac{1}{(s+a)^3} \bullet\!-\!\circ \dfrac{t^2 e^{-at}}{2}$ sollen durch Anwenden des Differentiationssatzes neue Korrespondenzen hergeleitet werden.

Mit $f(t) = \dfrac{t^2 e^{-at}}{2} \circ\!-\!\bullet F(s) = \dfrac{1}{(s+a)^3}$ erhält man wegen $f(+0) = 0$ mit dem Differentiationssatz die Korrespondenz

$$s F(s) = \frac{s}{(s+a)^3} \bullet\!-\!\circ f'(t) = \frac{-at^2 + 2t}{2} e^{-at}$$

Da auch $f'(+0) = 0$ ist, ergibt eine weitere Anwendung des Differentiationssatzes die Korrespondenz

$$s^2 F(s) = \frac{s^2}{(s+a)^3} \bullet\!-\!\circ f''(t) = \frac{a^2 t^2 - 4at + 2}{2} e^{-at}$$

Nun ist $f''(+0) = 1$ und man erhält analog

$$\frac{s^3}{(s+a)^3} - 1 \bullet\!-\!\circ f'''(t) = \frac{-a^3 t^2 + 6at - 6a}{2} e^{-at} \qquad \text{oder}$$

$$\frac{s^3}{(s+a)^3} \bullet\!-\!\circ \frac{-a^3 t^2 + 6at - 6a}{2} e^{-at} + \delta(t)$$

Da die Bildfunktion der letzten Korrespondenz keine echt gebrochen rationale Funktion ist, der Grad des Zählers stimmt mit dem Grad des Nenners überein, tritt im Zeitbereich die Deltafunktion auf.

Beispiel 4.58. An den im Bild 4.30 dargestellten Stromkreis wird zur Zeit $t = 0$ die Spannung $u(t) = U_0 \varepsilon(t)$ angelegt. Es soll der Strom $i(t)$ berechnet werden, wenn für den Strom die Anfangsbedingung $i(+0) = 0$ gilt.

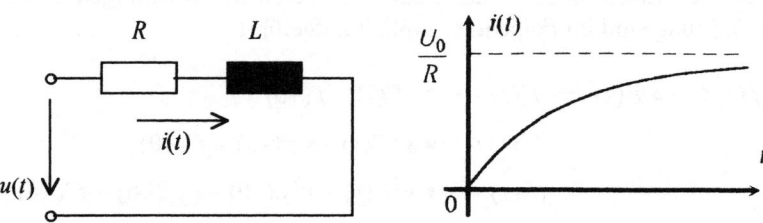

Bild 4.30 Stromkreis und Strom $i(t)$

Transformiert man die Spannungsgleichung

$$R i(t) + L \frac{d i(t)}{dt} = U_0 \, \varepsilon(t)$$

in den Bildbereich, so erhält man mit $i(t)$ ∘—• $I(s)$ und $i(+0) = 0$ die Gleichung

$$R I(s) + Ls I(s) = \frac{U_0}{s} \quad \Rightarrow \quad I(s) = \frac{U_0}{s(R+Ls)} = \frac{U_0}{sL\left(s + \dfrac{R}{L}\right)}$$

Eine Partialbruchzerlegung liefert $I(s) = \dfrac{U_0}{R} \left(\dfrac{1}{s} - \dfrac{1}{s + \dfrac{R}{L}} \right)$ und durch inverse Laplace-Transformation erhält man den gesuchten Strom

$$i(t) = \frac{U_0}{R} \left(1 - e^{-\frac{R}{L}t} \right)$$

4.3.12 Differentiationssatz für die verallgemeinerte Ableitung einer Zeitfunktion

Wir haben im Abschn. 4.3.4 die Dirac'sche Deltafunktion als verallgemeinerte Ableitung der Sprungfunktion betrachtet und den Zusammenhang in der Form

$$D\varepsilon(t) = \delta(t) \tag{4.42}$$

ausgedrückt, wobei als Symbol für die verallgemeinerte Ableitung D (Derivation) gewählt wurde.

Diese zunächst doch recht formale mathematische Definition ist aber auch physikalisch sinnvoll und daher für Anwendungen brauchbar. Legt man etwa an den Eingang eines Differenziergliedes eine sprungförmige Spannung, wobei der Übergang vom Spannungswert 0 zum Spannungswert 1 im allgemeinen innerhalb einer sehr kurzen Zeitspanne τ erfolgt (Bild 4.22), so tritt am Ausgang dieses Differenziergliedes ein sehr kurzer und hoher Spannungsimpuls auf, der in seiner idealisierten Form als ein Deltaimpuls angesehen werden kann.

Mit Hilfe der Deltafunktion als verallgemeinerte Ableitung der Sprungfunktion kann die verallgemeinerte Ableitung einer Zeitfunktion $f(t)$ definiert werden, die, im Gegensatz zu der von der Analysis her bekannten üblichen Ableitung, auch an Sprungstellen (Unstetigkeitsstellen) der Funktion $f(t)$ existiert.

Die praktische Bedeutung dieser verallgemeinerten Ableitung gerade für die Anwendungen der Laplace-Transformation in der Elektrotechnik werden wir später im Abschn. 4.4.3 erkennen. An dieser Stelle sei nur darauf hingewiesen, dass bei der Berechnung von Einschaltvorgängen in Netzwerken häufig Ströme oder Spannungen auftreten, die zum Schaltzeitpunkt $t = 0$ sich unstetig verhalten. Ersetzt man in den dabei auftretenden Differentialgleichungen die üblichen Ableitungen durch die verallgemeinerten Ableitungen, so ist die Frage nach den einzusetzenden Anfangswerten eindeutig zu beantworten.

Definition 4.5:

Sei $f(t)$ eine Zeitfunktion, die mit Ausnahme der Stellen $t = t_i$ ($i = 1, 2, ... , n$) überall stetig ist. Die Sprunghöhen an diesen Unstetigkeitsstellen seien $h_i = f(t_i +0) - f(t_i - 0)$, die Differenzen aus den rechts- und linksseitigen Grenzwerten der Funktion $f(t)$.

Unter der **verallgemeinerten Ableitung der Funktion** $f(t)$ versteht man

$$\mathrm{D}f(t) = f'(t) + \sum_{i=1}^{n} h_i \delta(t - t_i) \qquad (4.61)$$

Für eine überall stetige Funktion $f(t)$ stimmen verallgemeinerte Ableitung $\mathrm{D}f(t)$ und übliche Ableitung $f'(t)$ überein.

Für eine Funktion mit Unstetigkeitsstellen stimmen $\mathrm{D}f(t)$ und $f'(t)$ an allen Stetigkeitsstellen von $f(t)$ überein, an den Unstetigkeitsstellen, an denen die gewöhnliche Ableitung $f'(t)$ nicht definiert ist, wird die verallgemeinerte Ableitung $\mathrm{D}f(t)$ durch einen Deltaimpuls beschrieben, dessen Impulsfläche der jeweiligen Sprunghöhe entspricht.

Beispiel 4.59. Man bestimme die verallgemeinerte Ableitung der in Bild 4.31 dargestellten Folge von Rechteckimpulsen.

$$f(t) = 2\varepsilon(t) - 2\varepsilon(t-1) + \varepsilon(t-2) - \varepsilon(t-3) + 3\varepsilon(t-4) - 3\varepsilon(t-5)$$

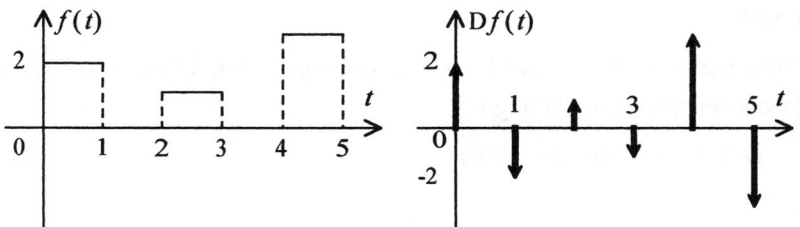

Bild 4.31 Folge von Rechteckimpulsen und verallgemeinerte Ableitung

Für die übliche Ableitung gilt $f'(t) = \begin{cases} \text{nicht definiert für } t = 1,2,3,4,5 \\ 0 \quad \text{sonst} \end{cases}$

Für die Folge von Rechteckimpulsen

$$f(t) = 2\varepsilon(t) - 2\varepsilon(t-1) + \varepsilon(t-2) - \varepsilon(t-3) + 3\varepsilon(t-4) - 3\varepsilon(t-5)$$

ergibt sich als verallgemeinerte Ableitung

$$Df(t) = 2\delta(t) - 2\delta(t-1) + \delta(t-2) - \delta(t-3) + 3\delta(t-4) - 3\delta(t-5)$$

Die verallgemeinerte Ableitung einer Folge von Rechteckimpulsen ist eine Folge von Deltaimpulsen.

Wie wollen uns nun dem für die Anwendungen in der Elektrotechnik wichtigen Sonderfall zuwenden und kausale Zeitfunktionen $f(t)$ betrachten, die, wenn überhaupt, sich nur zum Zeitpunkt $t = 0$ unstetig verhalten.

Schaltet man beispielsweise an das Netzwerk von Bild 4.32 zum Zeitpunkt $t = 0$ eine Gleichspannung $u(t) = U_0\varepsilon(t)$, so ändert sich der Teilstrom $i_L(t)$ stetig, der Teilstrom $i_C(t)$ dagegen unstetig.

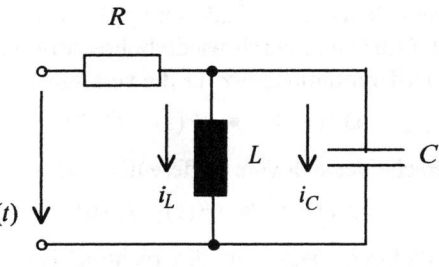

Bild 4.32 Netzwerk

Satz 4.27:

Für eine, wenn überhaupt, nur bei $t = 0$ unstetige Zeitfunktion $f(t)$, mit der Laplace-Transformierten $F(s)$ gilt

$$Df(t) \; \circ\!\!-\!\!\bullet \; sF(s) - f(-0) \tag{4.62}$$

Ist $f(t)$ eine kausale Zeitfunktion, was wir bisher immer vorausgesetzt haben, so sind für $k = 0, 1, 2, \dots, n - 1$ alle linkseitigen Anfangswerte $f^{(k)}(-0) = 0$ und es gelten die Korrespondenzen

$$Df(t) \qquad \circ\!\!-\!\!\bullet \; sF(s) \tag{4.63}$$

$$D^{(n)} f(t) \; \circ\!\!-\!\!\bullet \; s^n F(s) \tag{4.64}$$

Beweis: Für eine bei $t = 0$ unstetige Zeitfunktion $f(t)$ gilt

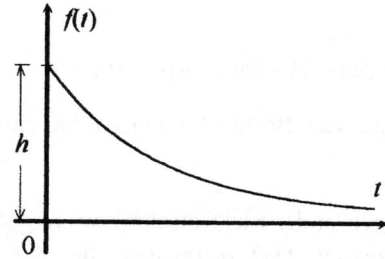

Bild 4.33 Zeitfunktion $f(t)$

$$Df(t) = f'(t) + h\delta(t).$$

Mit den Korrespondenzen

$$f'(t) \; \circ\!\!-\!\!\bullet \; sF(s) - f(+0)$$

$$\delta(t) \; \circ\!\!-\!\!\bullet \; 1$$

folgt mit $h = f(+0) - f(-0)$

$$Df(t) \; \circ\!\!-\!\!\bullet \; sF(s) - f(-0)$$

Für eine kausale Zeitfunktion ($f(t) = 0$ für alle Zeitpunkte $t < 0$) mit $f(-0) = 0$ folgt (4.63) und durch wiederholtes Anwenden von (4.63) schließlich (4.64). Der Differentiationssatz für die verallgemeinerte Ableitung

$$Df(t) \; \circ\!\!-\!\!\bullet \; sF(s) - f(-0)$$

unterscheidet sich vom Differentiationssatz für die übliche Ableitung

$$f'(t) \; \circ\!\!-\!\!\bullet \; sF(s) - f(+0)$$

nur dadurch, dass statt des rechtsseitigen Grenzwertes $f(+0)$ der linksseitige Grenzwert $f(-0)$ auftritt.

Dies hat bei den Anwendungen wichtige Folgerungen, da über den linksseitigen Grenzwert allgemeinere Aussagen gemacht werden können.

Beispiel 4.60. Es sollen die Laplace-Transformierten der Ableitungen der Deltafunktion bestimmt werden.

Für die Laplace-Transformierte der Deltafunktion selbst erhält man mit (4.62) und der Korrespondenz $f(t) = \varepsilon(t)$ $\circ\!\!-\!\!\bullet$ $F(s) = \dfrac{1}{s}$ die uns schon bekannte Bildfunktion der Deltafunktion

$$\delta(t) = D\varepsilon(t) \quad \circ\!\!-\!\!\bullet \quad s\frac{1}{s} - \varepsilon(-0) = 1$$

Für die verallgemeinerten Ableitungen der Deltafunktion folgt mit (4.62)

$$D^{(n)}\delta(t) \quad \circ\!\!-\!\!\bullet \quad s^n \tag{4.65}$$

Den Bildfunktionen $F(s) = s^n$ entsprechen im Zeitbereich die Ableitungen der Deltafunktion.

4.3.13 Grenzwertsätze

a) Anfangswertsatz

Mit dem Anfangswertsatz lässt sich aus einer Bildfunktion $F(s)$ der "Anfangswert" $f(+0)$ der zugehörigen Zeitfunktion ohne die Kenntnis von $f(t)$ bestimmen.

Satz 4.28:

Es sei $F(s)$ eine Bildfunktion mit der Zeitfunktion $f(t)$, deren Ableitung $f'(t)$ für alle Zeitpunkte $t > 0$ existiert und eine Laplace-Transformierte besitzt. Für den Anfangswert $f(+0)$ der Zeitfunktion $f(t)$ gilt dann

$$\lim_{t \to +0} f(t) = \lim_{s \to \infty} sF(s) \tag{4.66}$$

Beweis: Da vorausgesetzt wurde, dass $f'(t)$, die Ableitung der Zeitfunktion $f(t)$ für alle Zeitpunkte $t > 0$ existiert und eine Laplace-Transformierte besitzt, konvergiert das Laplace-Integral der Ableitung und es gilt mit dem Differentiationssatz für die Originalfunktion

$$f'(t) \circ\!\!-\!\!\bullet \int_0^\infty f'(t)\,e^{-st}\,dt = s\,F(s) - f(+0)$$

Im Grenzfall $s \to \infty$, wobei der Grenzübergang so zu führen ist, dass auch Re $s \to \infty$ strebt, gilt $f'(t)\,e^{-st} \to 0$ für alle Zeitpunkte t.
Damit erhält man

$$\lim_{s\to\infty} \int_0^\infty f'(t)\,e^{-st}\,dt = \lim_{s\to\infty} s\,F(s) - f(+0)$$

$$0 = \lim_{s\to\infty} s\,F(s) - f(+0)$$

Durch diesen Satz wird eine Aussage über den Anfangswert der Originalfunktion $f(t)$ gemacht. Die Existenz des Grenzwertes $f(+0)$ ist unter den gemachten Voraussetzungen gesichert.

Da man bei den Anwendungen des Satzes diese Voraussetzungen nicht immer prüfen will oder kann, sei darauf hingewiesen, dass aus der Existenz des Grenzwertes $\lim\limits_{s\to\infty} s\,F(s)$ nicht auf das Vorhandensein des Grenzwertes $\lim\limits_{t\to+0} f(t)$ geschlossen werden darf.

b) Endwertsatz

Satz 4.29:

Es sei $f(t)$ eine Zeitfunktion, für welche die Voraussetzungen des Differentiationssatzes gelten und deren Laplace-Transformierte $F(s)$ mit Ausnahme einer einfachen Polstelle bei $s = 0$, für Re $s \geq 0$ keine weiteren Pole hat.

Dann gilt der folgende Endwertsatz

$$\lim_{t\to\infty} f(t) = \lim_{s\to 0} s\,F(s) \qquad\qquad (4.67)$$

Beweis:

Ausgehend vom Differentiationssatz für die Originalfunktion

$$f'(t) \circ\!\!-\!\!\bullet \int\limits_{+0}^{\infty} f'(t)e^{-st}dt = s\,F(s) - f(+0)$$

folgt im Grenzfall $s \to 0$

$$\int\limits_{+0}^{\infty} f'(t)dt = \lim_{t \to \infty} f(t) - f(+0) = \lim_{s \to 0} s\,F(s) - f(+0)$$

Beispiel 4.61. Gegeben ist die Bildfunktion $\quad F(s) = \dfrac{2s^2 - s + 12}{s^3 + s^2 + 3s + 3}$

Es sollen der Anfangswert $f(+0)$ und der Endwert $\lim\limits_{t \to \infty} f(t)$ der zugehörigen

Zeitfunktion bestimmt werden.

Anfangswert: $\qquad \lim\limits_{t \to 0} f(t) = \lim\limits_{s \to \infty} \dfrac{s\,(2s^2 - s + 12)}{s^3 + s^2 + 3s + 3} = 2$

Endwert: $\qquad \lim\limits_{t \to \infty} f(t) = \lim\limits_{s \to 0} \dfrac{s\,(2s^2 - s + 12)}{s^3 + s^2 + 3s + 3} = 0$

Damit sind Anfangs- und Endwert ohne Kenntnis der Zeitfunktion $f(t)$ bestimmt.

Beispiel 4.62. Es sollen Anfangs- und Endwert der Zeitfunktion $f(t)$ bestimmt

werden, deren Laplace-Transformierte die Bildfunktion $\quad F(s) = \dfrac{1}{\sqrt{s^2 + 1}}\quad$ ist.

Anfangswert: $\qquad \lim\limits_{t \to 0} f(t) = \lim\limits_{s \to \infty} \dfrac{s}{\sqrt{s^2 + 1}} = 1$

Endwert: $\qquad \lim\limits_{t \to \infty} f(t) = \lim\limits_{s \to 0} \dfrac{s}{\sqrt{s^2 + 1}} = 0$

Übungsaufgaben zum Abschnitt 4.3.13 (Lösungen im Anhang)

Beispiel 4.63. Man berechne zu den folgenden Bildfunktionen die Anfangs-
und Endwerte ihrer zugehörigen Zeitfunktionen.

a) $F(s) = \dfrac{1}{(1+3s)^3}$

b) $F(s) = \dfrac{1}{(s-1)(s+2)^2}$

c) $F(s) = \dfrac{2s^2+3s+2}{s^3+2s^2+2s}$

d) $F(s) = \dfrac{1}{s}\arctan\left(\dfrac{1}{s}\right)$

e) $F(s) = \dfrac{1}{s\sqrt{s+1}}$

f) $F(s) = \dfrac{1}{s}\ln(1+s)$

4.3.14 Differentiationssatz für die Bildfunktion

Satz 4.30:

Ist $F(s)$ die Laplace-Transformierte der kausalen Zeitfunktion $f(t)$, so gelten
die folgenden Korrespondenzen

$$\frac{dF(s)}{ds} \quad \bullet\!-\!\circ \quad -t\,f(t) \tag{4.68}$$

$$\frac{d^{(n)}F(s)}{ds^n} \quad \bullet\!-\!\circ \quad (-1)^n t^n f(t) \tag{4.69}$$

Dieser Differentiationssatz für die Bildfunktion macht eine Aussage über die
Originalfunktionen der Ableitungen einer Bildfunktion. Dadurch werden
weitere Einsichten in die Zusammenhänge zwischen einer Bildfunktion $F(s)$
und der zugehörigen Zeitfunktion $f(t)$ gegeben.

Beweis: Ausgehend von der Definitionsgleichung der Laplace-Transformation

$$F(s) = \int_0^\infty f(t)\,e^{-st}\,dt$$

erhält man durch Differenzieren der Bildfunktion nach der Variablen s

$$\frac{dF(s)}{ds} = \frac{d}{ds} \int\limits_0^\infty f(t)\,e^{-st}\,dt$$

Da die Variablen s und t voneinander unabhängig sind, können Differentiation und Integration vertauscht werden. Damit ergibt sich

$$\frac{dF(s)}{ds} = \int\limits_0^\infty \frac{d}{ds}\left[f(t)\,e^{-st} \right] dt = - \int\limits_0^\infty t\, f(t)\,e^{-st}\,dt$$

Das letzte Integral ist die Laplace-Transformierte der Zeitfunktion $g(t) = -t\,f(t)$ Durch mehrfaches Anwenden der Korrespondenz (4.68) erhält man die Korrespondenz (4.69).

Beispiel 4.64. Es soll die Laplace-Transformierte der Zeitfunktion $f(t) = t\,\sin(\omega t)$ berechnet werden.

Aus der Korrespondenz $\quad \sin(\omega t) \circ\!-\!\bullet \dfrac{\omega}{s^2 + \omega^2} \quad$ folgt mit dem Differentiationssatz für die Bildfunktion

$$t\sin(\omega t) \circ\!-\!\bullet \; -\frac{dF(s)}{ds} = \frac{2\omega s}{(s^2 + \omega^2)^2}$$

Beispiel 4.65. Man berechne das Integral $\displaystyle\int\limits_0^\infty t\,\sin(t)\,e^{-2t}\,dt$.

Mit dem Ergebnis von Beispiel 4.64 erhält man für $\omega = 1$ die Korrespondenz

$$t\sin(t) \circ\!-\!\bullet \; \frac{2s}{(s^2 + 1)^2} = \int\limits_0^\infty t\,\sin(t)\,e^{-st}\,dt$$

Für $s = 2$ ergibt sich schließlich $\displaystyle\int\limits_0^\infty t\,\sin(t)\,e^{-2t}\,dt = \frac{4}{25} = 0{,}16$.

Beispiel 4.66. Aus der Korrespondenz $\quad F(s) = \dfrac{1}{\sqrt{s}} \quad \bullet\!\!-\!\!\circ \quad \dfrac{1}{\sqrt{\pi t}} \quad$ sollen mit

dem Differentiationssatz für die Bildfunktion neue Korrespondenzen hergeleitet werden.

Wir erhalten

$$\frac{dF(s)}{ds} = -\frac{1}{2s\sqrt{s}} \quad \bullet\!\!-\!\!\circ \quad -\frac{t}{\sqrt{\pi t}} = \frac{t^{\frac{1}{2}}}{\sqrt{\pi}}$$

und

$$\frac{d^2F(s)}{ds^2} = \frac{1}{2}\frac{3}{2}\frac{1}{s^2\sqrt{s}} \quad \bullet\!\!-\!\!\circ \quad \frac{t^{\frac{3}{2}}}{\sqrt{\pi}}$$

Durch Fortsetzen des Verfahrens ergibt sich die Korrespondenz

$$\frac{1}{s^n\sqrt{s}} \quad \bullet\!\!-\!\!\circ \quad \frac{4^n n!}{(2n)!}\frac{t^{n-\frac{1}{2}}}{\sqrt{\pi}}$$

Beispiel 4.67. Man berechne die Originalfunktion $f(t)$ zur Bildfunktion

$$F(s) = \ln\left(1 + \frac{1}{s^2}\right).$$

Durch Differenzieren der Bildfunktion und Zerlegung in Partialbrüche folgt

$$\frac{dF(s)}{ds} = -\frac{2}{s(s^2+1)} = -\frac{2}{s} + \frac{2s}{s^2+1}$$

Durch inverse Laplace-Transformation und Beachten des Differentiationssatzes für die Bildfunktion erhalten wir

$$\frac{dF(s)}{ds} \quad \bullet\!\!-\!\!\circ \quad -2 + 2\cos(t) = -t f(t)$$

und daraus

$$f(t) = \frac{2 - 2\cos(t)}{t}.$$

Übungsaufgaben zum Abschnitt 4.3.14 (Lösungen im Anhang)

Beispiel 4.68.   Man berechne die Bildfunktionen $F(s)$ zu den folgenden Zeitfunktionen

a) $f(t) = t \sinh(t)$ b) $f(t) = t^2 \sin(t)$

c) $f(t) = t^3 \cos(t)$ d) $f(t) = t[3\sin(2t) + \cos(2t)]$

Beispiel 4.69. Man bestimme die Zeitfunktion $f(t)$ zur Bildfunktion

$$F(s) = -\ln(1+s).$$

4.3.15   Integrationssatz für die Bildfunktion

Satz 4.31:

Es sei $F(s)$ die Bildfunktion der Originalfunktion $f(t)$. Dann gilt unter der Voraussetzung, dass auch $g(t) = \dfrac{f(t)}{t}$ eine Bildfunktion besitzt

$$\int_s^\infty F(u)du \quad \bullet\!-\!\circ \quad \frac{f(t)}{t} \tag{4.70}$$

Ist $F(s)$ die Bildfunktion von $f(t)$, so erhält man durch eine Integration von s bis ∞ über die Bildfunktion die Laplace-Transformierte der Zeitfunktion $g(t) = \dfrac{f(t)}{t}$.

Beweis: Gehen wir aus von der Definitionsgleichung der Laplace-Transformation

$$F(s) = \int_0^\infty f(t)\,\mathrm{e}^{-st}\,dt$$

und bilden das Integral

$$\int\limits_{s}^{\infty} F(u)\,du = \int\limits_{s}^{\infty}\int\limits_{0}^{\infty} f(t)\,e^{-ut}\,dt\,du,$$

so können die Integrationen vertauscht werden, da die Variablen u und t unabhängig voneinander sind und man erhält

$$\int\limits_{s}^{\infty} F(u)\,du = \int\limits_{0}^{\infty} f(t)\left[\int\limits_{s}^{\infty} e^{-ut}\,du\right]dt = \int\limits_{0}^{\infty} f(t)\frac{e^{-st}}{t}\,dt$$

Das letzte Integral ist die Laplace-Transformierte der Zeitfunktion $g(t) = \dfrac{f(t)}{t}$. Da vorausgesetzt wurde, dass $g(t)$ eine Laplace-Transformierte besitzt, ist die Konvergenz dieses Integrals gesichert.

Aus dem Integrationssatz für die Bildfunktion

$$F(s)\ \bullet\!\!-\!\!\circ\ f(t)\ \Rightarrow\ \int\limits_{s}^{\infty} F(u)\,du = \int\limits_{0}^{\infty}\frac{f(t)}{t}\,e^{-st}\,dt$$

ergibt sich im Grenzfall $s \to 0$

$$\int\limits_{0}^{\infty} F(s)\,ds = \int\limits_{0}^{\infty}\frac{f(t)}{t}\,dt \tag{4.71}$$

Gl. (4.71) kann, auch wenn es nicht unbedingt als eine Aufgabe der Laplace-Transformation angesehen wird, zur Berechnung bestimmter Integrale des Typs $\int\limits_{0}^{\infty}\dfrac{f(t)}{t}\,dt$ verwendet werden.

Beispiel 4.70. Man bestimme die Laplace-Transformierte der Zeitfunktion
$$f(t) = \frac{\sin(t)}{t} .$$

Aus $\sin(t)\ \circ\!\!-\!\!\bullet\ \dfrac{1}{s^2+1}$ folgt $\dfrac{\sin(t)}{t}\ \circ\!\!-\!\!\bullet\ \int\limits_{s}^{\infty}\dfrac{du}{u^2+1}$

Das bedeutet $\quad \dfrac{\sin(t)}{t} \circ\!\!-\!\!\bullet \left[\arctan(u)\right]_{u=s}^{u\to\infty} = \dfrac{\pi}{2} - \arctan(s) = \arctan\!\left(\dfrac{1}{s}\right)$

Beispiel 4.71. Man berechne das Integral $\displaystyle\int_0^\infty \dfrac{\sin(t)}{t}dt$.

Aus der Korrespondenz $\quad \sin(t) \circ\!\!-\!\!\bullet \dfrac{1}{s^2+1}\quad$ erhält man mit Gl. (4.71)

$$\int_0^\infty \frac{\sin(t)}{t}dt = \int_0^\infty \frac{ds}{s^2+1} = \left[\arctan(s)\right]_0^\infty = \frac{\pi}{2}$$

Damit ist der Zahlenwert des Integralsinus für das Argument "unendlich", Si(∞), der in der Nachrichtentechnik gelegentlich gebraucht wird, berechnet. Ein anderer Weg, Si(∞) zu bestimmen, wurde im Abschnitt 4.3.9 gezeigt.

Beispiel 4.72. Gegeben ist die Korrespondenz

$$\frac{1}{s+a_1} - \frac{1}{s+a_2} \;\bullet\!\!-\!\!\circ\; e^{-a_1 t} - e^{-a_2 t}.$$

Mit dem Integrationssatz für die Bildfunktion soll eine neue Korrespondenz gefunden werden.
Man erhält

$$\int_s^\infty F(u)du = \int_s^\infty \left[\frac{1}{u+a_1} - \frac{1}{u+a_2}\right]du = \ln\left[\frac{u+a_1}{u+a_2}\right]_s^\infty$$

Da der Grenzwert $\quad \displaystyle\lim_{u\to\infty}\dfrac{u+a_1}{u+a_2}=0\quad$ ist, findet man die Korrespondenz

$$\ln\frac{s+a_1}{s+a_2} \;\bullet\!\!-\!\!\circ\; \frac{e^{-a_2 t} - e^{-a_1 t}}{t}$$

Übungsaufgaben zum Abschnitt 4.3.15 (Lösungen im Anhang)

Beispiel 4.73. Man berechne die Laplace-Transformierten $F(s)$ zu den folgenden Zeitfunktionen

a) $f(t) = \dfrac{\sinh(t)}{t}$

b) $f(t) = \dfrac{1 - e^{-t}}{t}$

c) $f(t) = \dfrac{\cos(a_1 t) - \cos(a_2 t)}{t}$

Beispiel 4.74. Man berechne die folgenden bestimmten Integrale

a) $\displaystyle\int_0^\infty \frac{\cos(4t) - \cos(t)}{t}\, dt$

b) $\displaystyle\int_0^\infty \frac{e^{-t} - e^{-3t}}{t}\, dt$

4.4   Anwendungen der Laplace-Transformation

4.4.1   Lösen von gewöhnlichen Differentialgleichungen mit konstanten Koeffizienten

Definition 4.6:

Eine lineare gewöhnliche Differentialgleichung n-ter Ordnung mit konstanten Koeffizienten ist eine Differentialgleichung der Form

$$f^{(n)}(t) + a_{n-1} f^{(n-1)}(t) + \cdots + a_1 f'(t) + a_0 f(t) = r(t) \tag{4.72}$$

wobei $r(t)$ eine beliebige "Störungsfunktion" ist. Die Differentialgleichung heißt homogen, wenn $r(t) = 0$ ist.

Bei einer gewöhnlichen Differentialgleichung ist die gesuchte Funktion, hier die Zeitfunktion $f(t)$, eine Funktion von nur **einer** Veränderlichen. Die betrachtete Differentialgleichung heißt linear, da die gesuchte Zeitfunktion $f(t)$ und ihre Ableitungen nur linear auftreten.

Die Koeffizienten a_1, a_2, ... , a_{n-1} sind zeitunabhängige konstante Faktoren.

Diese, mit Hilfe der Laplace-Transformation besonders einfach lösbare Klasse von Differentialgleichungen, tritt bei vielen Problemstellungen der Elektrotechnik, etwa bei der Berechnung von Einschalt- und Ausgleichsvorgängen in Netzwerken, auf.

Zum Lösen der in Gl. (4.72) beschriebenen Differentialgleichung setzen wir voraus, dass die gesuchte Zeitfunktion $f(t)$ eine Laplace-Transformierte $F(s)$ besitzt, dass also die Korrespondenz

$$f(t) \circ\!\!-\!\!\bullet F(s)$$

gilt. Mit dem Differentiationssatz für die Originalfunktion

$$f^{(n)}(t) \circ\!\!-\!\!\bullet s^n F(s) - s^{n-1} f(+0) - s^{n-2} f'(+0) - \cdots - f^{(n-1)}(+0)$$

kann die gegebene Differentialgleichung n-ter Ordnung in den Bildraum transformiert werden. Dazu ist es notwendig, dass die im Differentiationssatz für die Originalfunktion auftretenden n Anfangswerte

$$f(+0), f'(+0), \cdots , f^{(n-1)}(+0)$$

bekannt sind.

Gerade bei den in den Anwendungen vorkommenden Differentialgleichungen kann die Kenntnis dieser Anfangswerte im allgemeinen vorausgesetzt werden. Sind einige dieser Anfangswerte jedoch nicht vorgegeben, so werden für sie beliebige Konstanten eingesetzt. Die Lösungsfunktion enthält dann ebenfalls diese Konstanten, die dann durch Einsetzen von anderen Nebenbedingungen bestimmt werden müssen.

Da im Differentiationssatz die Laplace-Transformierte $F(s)$ der gesuchten Zeitfunktion linear vorkommt, erhält man durch die Transformation der linearen Differentialgleichung in den Bildraum eine lineare Gleichung für $F(s)$, die relativ einfach nach $F(s)$ aufgelöst werden kann. Durch inverse Laplace-Transformation erhält man dann die Lösungsfunktion $f(t)$ der Differentialgleichung, die den verwendeten Anfangsbedingungen genügt.

Das Lösen einer linearen gewöhnlichen Differentialgleichung mit konstanten Koeffizienten erfolgt nach folgendem Schema.

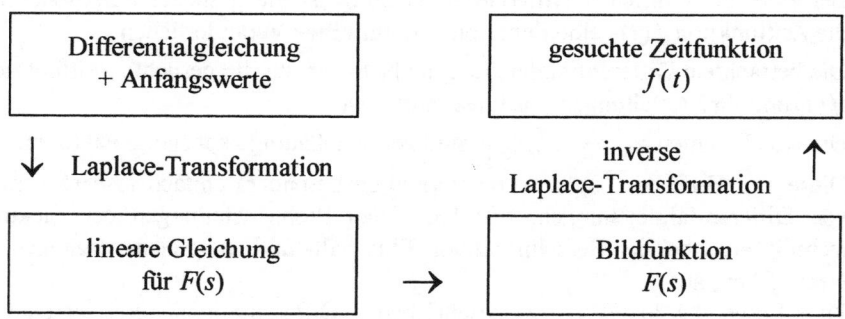

Die Lösung der Differentialgleichung wird besonders einfach, wenn alle Anfangsbedingungen verschwinden, d.h. für

$$f(+0) = f'(+0) = f''(+0) = \cdots = f^{(n-1)}(+0) = 0$$

In diesem Falle geht Gl. (4.72) durch Laplace-Transformation über in

$$s^n F(s) + a_{n-1} s^{n-1} F(s) + \cdots + a_0 F(s) = \mathrm{L}\{r(t)\}$$

und man erhält als Laplace-Transformierte der gesuchten Zeitfunktion

$$F(s) = \frac{\mathrm{L}\{r(t)\}}{s^n + a_{n-1} s^{n-1} + \cdots + a_1 s + a_0} = \frac{\mathrm{L}\{r(t)\}}{N(s)} \qquad (4.73)$$

Im Falle verschwindender Anfangsbedingungen hat eine homogene Differentialgleichung mit konstanten Koeffizienten wegen

$$r(t) = 0 \quad \Rightarrow \quad L\{r(t)\} = 0 \quad \text{nur die triviale Lösung } f(t) = 0.$$

Die Lösung der inhomogenen Differentialgleichung, bei der die Störungsfunktion $r(t)$ nicht identisch Null ist, erhält man durch Zerlegen von Gl. (4.73) in Partialbrüche und gliedweises Transformieren in den Zeitbereich.
Im Falle nichtverschwindender Anfangswerten geht Gl. (4.73) über in

$$F(s) = \frac{L\{r(t)\} + \sum_{i=1}^{n-1} k_i s^i}{N(s)} \tag{4.74}$$

Der Zähler enthält, bedingt durch die nichtverschwindenden Anfangsbedingungen, zusätzlich ein Polynom der Bildvariablen s, das für $f(+0) \neq 0$ vom Grade $n - 1$ ist.
Haben die Laplace-Transformierte der Störfunktion und der Nenner $N(s)$ keine gemeinsame Polstellen, so hat die Bildfunktion $F(s)$ im Falle nichtverschwindender Anfangswerte die gleichen Pole, wie im Falle verschwindender Anfangswerte. Die Lösungsfunktionen sind also bis auf andere konstante Faktoren die gleichen.

Beispiel 4.75. Man berechne die Lösung der Differentialgleichung
$$f'(t) + 2f(t) = \sin(t),$$
die der Anfangsbedingung $f(+0) = 0$ genügt.

Durch Transformation der gegebenen Differentialgleichung in den Bildraum erhält man

$$s F(s) + 2 F(s) = \frac{1}{s^2 + 1} \quad \text{und daraus}$$

$$F(s) = \frac{1}{(s+2)(s^2+1)} = \frac{A_1}{s+2} + \frac{A_2 s + A_3}{s^2 + 1}$$

Multiplikation mit $N(s) = (s + 2)(s^2 + 1)$ ergibt die Gleichung

$$1 = A_1(s^2 + 1) + (A_2 s + A_3)(s + 2)$$

Zur Bestimmung der unbekannten Koeffizienten A_1, A_2 und A_3 setzen wir günstige s-Werte ein und erhalten für

$$s = -2: \quad 1 = 5A_1 \qquad\qquad \Rightarrow \qquad A_1 = 0,2$$
$$s = \ \ 0: \quad 1 = 0,2 + 2A_2 \qquad \Rightarrow \qquad A_3 = 0,4$$
$$s = \ \ 1: \quad 1 = 1 + 0,4 + 3A_2 + 1,2 \qquad \Rightarrow \qquad A_2 = -0,2$$

Damit ergibt sich

$$F(s) = 0,2\left[\frac{1}{s+2} - \frac{s}{s^2+1} + \frac{2}{s^2+1}\right] \bullet\!\!-\!\!\circ\ f(t) = 0,2\left[e^{-2t} - \cos(t) + 2\sin(t)\right]$$

Beispiel 4.76. Man berechne die Lösungsfunktion $f(t)$ der Differentialgleichung

$$f''(t) + 9f(t) = \cos(2t)$$

für die Nebenbedingungen $f(+0) = 0$ und $f'(\pi) = 1$.

Da die Anfangsbedingung $f'(+0)$ nicht gegeben ist, setzen wir $f'(+0) = k$ und
bestimmen, nachdem eine Lösung vorliegt, die k enthält, die Konstante k so,
dass $f'(\pi) = 1$ wird.

Laplace-Transformation der Differentialgleichung ergibt

$$s^2 F(s) - k + 9F(s) = \frac{s}{s^2+4} \quad \text{und} \quad F(s) = \frac{s}{(s^2+9)(s^2+4)} + \frac{k}{s^2+9}$$

Eine Partialbruchzerlegung braucht hier nur für den ersten Term der rechten
Seite durchgeführt werden. Man erhält

$$\frac{s}{(s^2+9)(s^2+4)} = \frac{A_1 s + A_2}{s^2+9} + \frac{A_3 s + A_4}{s^2+4}$$

und nach der Multiplikation dieser Gleichung mit dem Nenner

$$s = (A_1 s + A_2)(s^2+4) + (A_3 s + A_4)(s^2+9)$$

$$s = 2j: \quad 2j = (A_3 2j + A_4)\, 5 \qquad \Rightarrow \qquad A_3 = 0,2 \text{ und } A_4 = 0$$
$$s = 3j: \quad 3j = (A_1 3j + A_2)\,(-5) \qquad \Rightarrow \qquad A_1 = -0,2 \text{ und } A_2 = 0$$

Durch Einsetzen der imaginären Polstellen $s = 2j$, bzw. $s = 3j$ ergeben sich zwei
einfache Gleichungen, aus denen durch Vergleichen von Real- und
Imaginärteilen der Gleichungen jeweils zwei der unbekannten Koeffizienten
bestimmt werden können.

Damit erhält man

$$F(s) = \frac{0,2s}{s^2 + 4} - \frac{0,2s}{s^2 + 9} + \frac{k}{s^2 + 9} \qquad \text{und}$$

$$f(t) = 0,2\cos(2t) - 0,2\cos(3t) + \frac{k}{3}\sin(3t)$$

Zur Bestimmung der noch unbekannten Konstanten k bilden wir die Ableitung

$$f'(t) = -0,4\sin(2t) + 0,6\sin(3t) + k\sin(3t)$$

und erhalten $\qquad f'(\pi) = -k = 1 \quad \Rightarrow \quad k = -1$

Die partikuläre Lösung der Differentialgleichung, die den gegebenen Nebenbedingungen genügt, lautet somit

$$f(t) = 0,2\cos(2t) - 0,2\cos(3t) - \frac{1}{3}\sin(3t)$$

Übungsaufgaben zum Abschnitt 4.4.1 (Lösungen im Anhang)

Beispiel 4.77. Man bestimme für die folgenden Differentialgleichungen die Lösungsfunktionen $f(t)$, die den angegebenen Anfangsbedingungen genügen

a) $f''(t) + 3f'(t) + 2f(t) = t$
   $f(+0) = f'(+0) = 0$

b) $f''(t) + 2f'(t) + f(t) = 25\sin(2t)$
   $f(+0) = 0; \quad f'(+0) = 5$

c) $f''(t) - 9f(t) = 10e^{-2t} - 6e^{-3t}$
   $f(+0) = 2; \quad f'(+0) = -1$

d) $f'''(t) + f(t) = 0$
   $f(+0) = 1; \quad f'(+0) = 3; \quad f''(+0) = 8$

e) $f''(t) + 4f'(t) + 4f(t) = \varepsilon(t) - \varepsilon(t - 2)$
   $f(t) = 0; \quad f'(t) = 0$

Beispiel 4.78. Man bestimme die allgemeine Lösung der Differentialgleichung

$$f''(t) + 2f'(t) + 4f(t) = 38\,e^{-5t}.$$

Für die allgemeine Lösung werden keine bestimmten Anfangsbedingungen vorgegeben, sie enthält daher in diesem Beispiel zwei unbestimmte Konstanten.

Beispiel 4.79.

An ein RC-Glied (s. Bild 4.34) wird zur Zeit $t = 0$ eine Eingangsspannung $u_e(t)$ angelegt. Für die Ausgangsspannung $u_a(t)$ gilt die Differentialgleichung

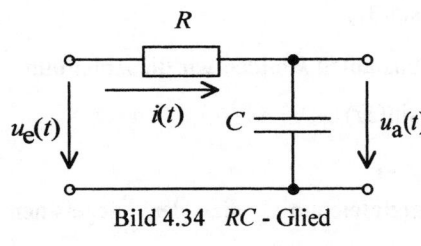

$$RC\frac{du_a(t)}{dt} + u_a(t) = u_e(t)$$

Man bestimme unter Beachtung der Anfangsbedingung $u_a(+0) = 0$ die Ausgangsspannungen $u_a(t)$ bei den folgenden Eingansspannungen

Bild 4.34 RC - Glied

a) $u_e(t) = U_0[\varepsilon(t) - \varepsilon(t-\tau)]$

b) $u_e(t) = kt$

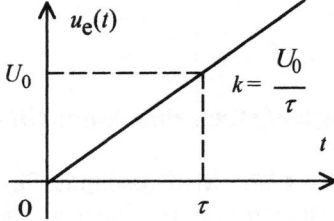

Bild 4.34 a Eingansspannung   Bild 4.34 b Eingansspannung

4.4.2 Lösen von Systemen gewöhnlicher Differentialgleichungen mit konstanten Koeffizienten

Bei vielen Aufgabenstellungen sind mehrere Zeitfunktionen gesucht, die einem System von linearen gewöhnlichen Differentialgleichungen mit konstanten Koeffizienten genügen.

Sind etwa k Maschenströme $i_1(t)$, $i_2(t)$, ..., $i_k(t)$ zu berechnen, so ist ein System von k Differentialgleichungen für die k unbekannten Zeitfunktionen zu lösen.

Ein klassisches Lösungsverfahren besteht darin, ein Differentialgleichungssystem n-ter Ordnung, wobei die Ordnung des Systems durch die Summe der Ordnungen der einzelnen Differentialgleichungen gegeben ist, durch einen Eliminationsprozess in eine Differentialgleichung n-ter Ordnung für nur eine der gesuchten Zeitfunktionen umzuwandeln. Dieser Eliminationsprozess ist häufig kompliziert und manchmal gar nicht durchführbar.

Wesentlich einfacher gestaltet sich das Lösungsverfahren, wenn die Laplace-Transformation verwendet wird. Die gegebenen Differentialgleichungen werden unmittelbar, unter Beachtung der Anfangsbedingungen, in den Bildraum transformiert. Das System von linearen Differentialgleichungen mit konstanten Koeffizienten des Zeitbereichs wird im Bildbereich zu einem linearem Gleichungssystem für die Laplace-Transformierten der gesuchten Zeitfunktionen.

System von linearen Differentialgleichungen mit konstanten Koeffizienten + Anfangswerte	Laplace-Transformation $\rightarrow$	Lineares Gleichungssystem für die Bildfunktionen der gesuchten Zeitfunktionen

Das lineare Gleichungssystem für die Bildfunktionen kann mit elementaren Methoden gelöst werden. Durch inverse Laplace-Transformation erhält man dann die gesuchten Zeitfunktionen.

Beispiel 4.80. Gegeben sind bei dem Kopplungsgrad k zwei mit der Gegeninduktivität $M = kL$ gekoppelte Stromkreise nach Bild 4.35. Zur Zeit $t = 0$ wird eine Gleichspannung U_0 angelegt, die Eingangsspannung wird also durch $u(t) = U_0\,\varepsilon(t)$ beschrieben.

Berechnet werden sollen die beiden Ströme $i_1(t)$ und $i_2(t)$ mit den Anfangsbedingungen $i_1(t) = i_2(t) = 0$.

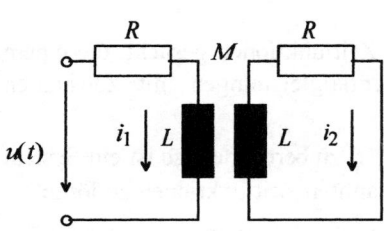

Aus den Maschengleichungen ergeben sich zwei lineare Differentialgleichungen 1. Ordnung.

$$L\frac{di_1(t)}{dt} + M\frac{di_2(t)}{dt} + R\,i_1(t) = U_0\varepsilon(t)$$

$$L\frac{di_2(t)}{dt} + M\frac{di_1(t)}{dt} + R\,i_2(t) = 0$$

Bild 4.35 Gekoppelte Stromkreise

Dieses System 2. Ordnung soll nun gelöst werden.

Mit den Anfangsbedingungen $i_1(+0) = i_2(+0) = 0$ ergibt die Transformation der beiden Differentialgleichungen des Zeitbereichs in den Bildraum die Gleichungen

(1) $(Ls + R)\,I_1(s) + Ms\,I_2(s) = \dfrac{U_0}{s}$

(2) $Ms\,I_1(s) + (Ls+R)\,I_2(s) = 0$

Dieses lineare Gleichungssystem für die Laplace-Transformierten $I_1(s)$ und $I_2(s)$ kann wohl am übersichtlichsten mit dem Determinantenverfahren (Cramer'sche Regel) gelöst werden.

$$I_1(s) = \frac{\begin{vmatrix} \dfrac{U_0}{s} & Ms \\ 0 & R+Ls \end{vmatrix}}{\begin{vmatrix} R+Ls & Ms \\ Ms & R+Ls \end{vmatrix}} = \frac{R+Ls}{(R+Ls)^2 - M^2 s^2}\frac{U_0}{s}$$

$$I_2(s) = \frac{\begin{vmatrix} R+Ls & \dfrac{U_0}{s} \\ Ms & 0 \end{vmatrix}}{\begin{vmatrix} R+Ls & Ms \\ Ms & R+Ls \end{vmatrix}} = -\frac{U_0 M}{(R+Ls)^2 - M^2 s^2}$$

Mit der Gegeninduktivität $M = kL$ folgt weiter

$$I_1(s) = \frac{U_0}{s} \frac{R+Ls}{(R+Ls)^2 - M^2 s^2} = \frac{U_0(R+Ls)}{L^2(1-k^2)s\left[s + \dfrac{R}{L(1+k)}\right]\left[s + \dfrac{R}{L(1-k)}\right]}$$

$$= \frac{A}{s} + \frac{B}{\left[s + \dfrac{R}{L(1+k)}\right]} + \frac{C}{\left[s + \dfrac{R}{L(1-k)}\right]}$$

Eine Berechnung der Zähler A, B und C der Teilbrüche ergibt

$$A = \frac{U_0}{R}, \quad B = -\frac{U_0}{2R} \quad \text{und} \quad C = -\frac{U_0}{2R}$$

Wir erhalten somit

$$I_1(s) = \frac{U_0}{2R}\left[\frac{2}{s} - \frac{1}{s + \dfrac{R}{L(1+k)}} - \frac{1}{s + \dfrac{R}{L(1-k)}}\right]$$

und durch eine analoge Rechnung

$$I_2(s) = \frac{U_0}{2R}\left[\frac{1}{s + \dfrac{R}{L(1+k)}} - \frac{1}{s + \dfrac{R}{L(1-k)}}\right]$$

Inverse Laplace-Transformation ergibt im Zeitbereich schließlich die gesuchten Ströme

$$i_1(t) = \frac{U_0}{2R}\left[2 - e^{-\frac{Rt}{L(1+k)}} - e^{-\frac{Rt}{L(1-k)}}\right]$$

$$i_2(t) = \frac{U_0}{2R}\left[e^{-\frac{Rt}{L(1+k)}} - e^{-\frac{Rt}{L(1-k)}}\right]$$

Bild 4.36 zeigt den Verlauf der beiden Ströme $i_1(t)$ und $i_2(t)$ bei $\dfrac{R}{L} = 1000 \text{ s}^{-1}$

und $\dfrac{U_o}{R} = 100 \text{ mA}$ für die Kopplungsgrade $k_1 = 0{,}5$ und $k_2 = 0{,}9$.

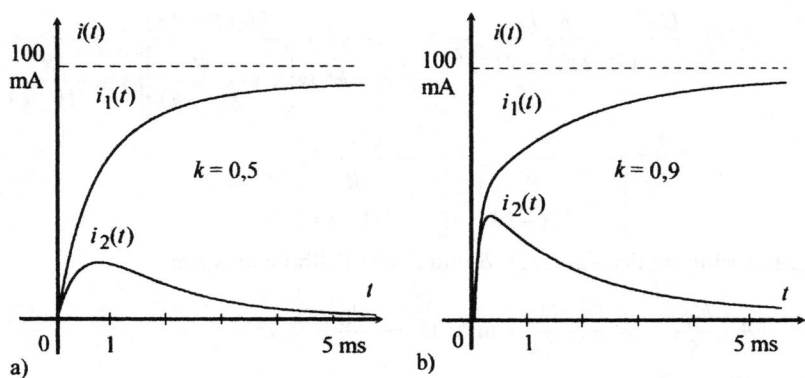

Bild 4.36   Ströme $i_1(t)$ und $i_2(t)$ von Beispiel 4.80 bei den Kopplungsgraden

$$k_1 = 0{,}5 \text{ (a) und } k_2 = 0{,}9 \text{ (b)}$$

Beispiel 4.81. An den Eingang des Übertragungsgliedes von Bild 4.37 wird zur Zeit $t = 0$ die Spannung $u_e(t) = U_0 \varepsilon(t)$ angelegt.

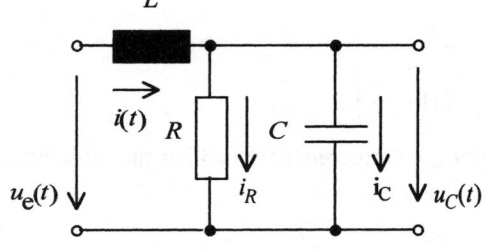

Bild 4.37 Schaltung zum Beispiel 4.81

Es soll der zeitliche Verlauf der Spannung $u_C(t)$ an der Kapazität C berechnet werden.

Die Anfangsbedingungen sind:

$$i(+0) = 0 \text{ und } u_C(+0) = 0.$$

Aus $u_L(t) + u_C(t) = u_e(t)$ folgt mit $u_L(t) = L \dfrac{di(t)}{dt}$ die Differentialgleichung

$$(1) \quad L \frac{di(t)}{dt} + u_C(t) = u_e(t)$$

und aus $i_R(t) + i_C(t) = i(t)$ mit $i_C(t) = C \dfrac{du_C(t)}{dt}$ die zweite Differentialgleichung

$$(2) \quad C \frac{du_C(t)}{dt} + \frac{1}{R} u_C(t) = i(t)$$

Die beiden Gleichungen (1) und (2) bilden ein Differentialgleichungssystem 2. Ordnung für die Zeitfunktionen $U_C(t)$ und $i(t)$. Mit den angegebenen Anfangswerten ergibt die Transformation in den Bildraum die beiden linearen Gleichungen für die Bildfunktionen $I(s)$ und $U_C(t)$

(1) $Ls\,I(s) \quad + \quad U_C(s) = \dfrac{U_o}{s}$

(2) $I(s) - \left(Cs + \dfrac{1}{R}\right)U_C(s) = 0$

Durch Auflösen dieses linearen Gleichungssystems nach der Laplace-Transformierten der gesuchten Kondensatorspannung findet man

$$U_C(s) = \frac{\begin{vmatrix} Ls & \dfrac{U_0}{s} \\ 1 & 0 \end{vmatrix}}{\begin{vmatrix} Ls & 1 \\ 1 & -\left(Cs+\dfrac{1}{R}\right) \end{vmatrix}} = \frac{\dfrac{U_0}{s}}{Ls\left(Cs+\dfrac{1}{R}\right)+1} = \frac{U_0}{LCs\left(s^2+\dfrac{1}{RC}s+\dfrac{1}{LC}\right)}$$

Mit der Kennkreisfrequenz $\omega_0 = \sqrt{\dfrac{1}{LC}}$ und der Abklingkonstante

$\delta = \dfrac{1}{2RC}$ folgt $U_C(s) = \dfrac{U_0\omega_0^2}{s(s^2+2\delta s+\omega_0^2)} = \dfrac{U_0}{s}\dfrac{\omega_0^2}{(s+\delta)^2+\omega_0^2-\delta^2}$

Zur Partialbruchzerlegung der Bildfunktion $U_C(s)$ benötigt man die Pole von $U_C(s)$. Diese liegen bei $s_1 = 0$ und $s_{2,3} = -\delta \pm \sqrt{\delta^2-\omega_0^2}$.

Je nach Arte der Pole kann man die folgenden Fälle unterscheiden.

Es sei $\vartheta = \dfrac{\delta}{\omega_0}$ der **Dämpfungsgrad.**

1. Aperiodischer Grenzfall: $\vartheta = 1$, also $\delta^2 - \omega_0^2 = 0$

Die Pole $s_{2,3} = -\delta$ sind reell und gleich groß. Dies führt zu folgender Partialbruchzerlegung

$$U_C(s) = \frac{A_1}{s} + \frac{A_2}{(s+\delta)^2} + \frac{A_3}{s+\delta}$$

und im Zeitbereich zu

$$u_C(t) = U_0\left[1 - (\omega_0 t + 1)e^{-\delta t}\right]$$

2. Periodischer Fall: $\vartheta < 1 \;\Rightarrow\; \delta^2 - \omega_0^2 < 0$

Die Pole $s_{2,3}$ sind jetzt konjugiert komplex. Wir erhalten mit der Eigenkreis-frequenz

$$\omega = \sqrt{\omega_0^2 - \delta^2}$$

die Partialbruchentwicklung

$$U_C(s) = \frac{U_0}{s} \frac{\omega_0^2}{(s+\delta)^2 + \omega^2} = \frac{A_1}{s} + \frac{A_2 s + A_3}{(s+\delta)^2 + \omega^2}$$

und nach Berechnung der Konstanten $A_1 = U_0$, $A_2 = -U_0$ und $A_3 = -2U_0\delta$ folgt im Zeitbereich die Kondensatorspannung

$$u_C(t) = U_0\left[1 - e^{-\delta t}\left\{\cos(\omega t) + \frac{\delta}{\omega}\sin(\omega t)\right\}\right].$$

3. Aperiodischer Fall: $\vartheta > 1 \;\Rightarrow\; \delta^2 - \omega_0^2 > 0$

Der aperiodische Fall kann analog zum periodischen Fall behandelt werden. Mit $\delta^2 - \omega_0^2 = a^2$ folgt

$$U_C(s) = \frac{U_0}{s} \frac{\omega_0^2}{(s+\delta)^2 - a^2} = \frac{A_1}{s} + \frac{A_2 s + A_3}{(s+\delta)^2 - a^2}$$

Die Berechnung der Koeffizienten ergibt wie im periodischen Fall

$$A_1 = U_0,\, A_2 = -U_0 \text{ und } A_3 = -2U_0\delta.$$

Wegen des Vorzeichenunterschiedes im Nenner des zweiten Terms erhält man nun statt der trigonometrischen Funktionen die entsprechenden Hyperbel-funktionen.

$$u_C(t) = U_0\left[1 - e^{-\delta t}\left\{\cosh(at) + \frac{\delta}{a}\sinh(at)\right\}\right].$$

In allen Fällen ergibt sich nach Beendigung des Einschaltvorganges ($t \to \infty$) $u_C(t) = U_0$.

Beispiel 4.82. Man berechne die Zeitfunktionen $x(t)$ und $y(t)$, des Differential-gleichungssystem

$$(1)\quad \frac{d^2x(t)}{dt^2} = y(t) \qquad (2)\quad \frac{dy(t)}{dt} - y(t) = 4\frac{dx(t)}{dt} - 4x(t)$$

mit den Anfangsbedingungen $x(+0) = 0$, $y(+0) = 1$ und $x'(+0) = 1$.

Durch Laplace-Transformation erhalten wir im Bildraum das lineare Gleichungssystem

$$(1)\qquad s^2 X(s)\quad -\qquad\quad Y(s)\ =\ 1$$

$$(2)\quad (-4s+4)X(s)\ +\ (s-1)Y(s)\ =\ 1$$

Auflösen dieses Gleichungssystem mit der Cramer'schen Regel ergibt

$$X(s) = \frac{\begin{vmatrix} 1 & -1 \\ 1 & s-1 \end{vmatrix}}{\begin{vmatrix} s^2 & -1 \\ -4s+4 & s-1 \end{vmatrix}} = \frac{s}{s^3 - s^2 - 4s + 4}$$

$$Y(s) = \frac{\begin{vmatrix} s^2 & 1 \\ -4s+4 & 1 \end{vmatrix}}{\begin{vmatrix} s^2 & -1 \\ -4s+4 & s-1 \end{vmatrix}} = \frac{s^2 + 4s - 4}{s^3 - s^2 - 4s + 4}$$

Zur Partialbruchzerlegung benötigen wir die Polstellen der Bildfunktionen. Sie ergeben sich als die Lösungen der algebraischen Gleichung 3. Grades

$$s^3 - s^2 - 4s + 4 = 0$$

Eine Möglichkeit, eine derartige Gleichung zu lösen, besteht darin, eventuell vorhandene ganzzahlige Lösungen durch Probieren zu finden. Da das Produkt der Lösungen bis auf das Vorzeichen das konstante Glied ergibt (Koeffizientensatz von Vieta), kommen hier zum Probieren die ganzen Zahlen $\pm 1, \pm 2$ und ± 4 in Frage. Es ist $s = 1$ eine leicht erkennbare Lösung. Durch Division mit den Linearfaktor $s - 1$ ergibt sich die quadratische Gleichung

$$s^2 - 4 = 0$$

mit den Lösungen $s_2 = 2$ und $s_3 = -2$. Hieraus resultieren die Partialbruchzerlegungen

$$X(s) = \frac{A_1}{s-1} + \frac{A_2}{s-2} + \frac{A_3}{s+2} = \frac{-\frac{1}{3}}{s-1} + \frac{\frac{1}{2}}{s-2} + \frac{-\frac{1}{6}}{s+2}$$

$$Y(s) = \frac{B_1}{s-1} + \frac{B_2}{s-2} + \frac{B_3}{s+2} = \frac{-\frac{1}{3}}{s-1} + \frac{2}{s-2} + \frac{-\frac{2}{3}}{s+2}$$

Rücktransformation in den Zeitbereich ergibt die gesuchten Lösungsfunktionen

$$x(t) = -\frac{1}{3}e^t + \frac{1}{2}e^{2t} - \frac{1}{6}e^{-2t} \quad \text{und} \quad y(t) = -\frac{1}{3}e^t + 2e^{2t} - \frac{2}{3}e^{-2t}$$

Es lässt sich leicht bestätigen, dass diese Zeitfunktionen das Differentialgleichungssystem und die vorgegebenen Anfangsbedingungen erfüllen.

Übungsaufgaben zum Abschnitt 4.4.2 (Lösungen im Anhang)

Beispiel 4.83. Man löse das Differentialgleichungssystem 2. Ordnung

$$(1) \quad \frac{dx(t)}{dt} - 2x(t) - 4y(t) = \cos(t)$$

$$(2) \quad \frac{dy(t)}{dt} + x(t) + 2y(t) = \sin(t)$$

mit den Anfangswerten $x(+0) = 0$ und $y(+0) = 1$.

Beispiel 4.84. Man berechne die Lösungen $x(t)$ und $y(t)$ der Differentialgleichungen

$$(1) \quad \frac{d^2x(t)}{dt^2} = y(t) \qquad (2) \quad \frac{dy(t)}{dt} = 9\frac{dx(t)}{dt},$$

die den Anfangsbedingungen $x(+0) = 1$, $y(+0) = 6$ und $x'(+0) = 0$ genügen.

Beispiel 4.85. Man berechne die Lösungen $x(t)$ und $y(t)$ des folgenden Systems von Differentialgleichungen

$$(1) \quad \frac{dx(t)}{dt} = 2x(t) - 3y(t) \qquad (2) \quad \frac{dy(t)}{dt} = y(t) - 2x(t)$$

mit den Anfangsbedingungen $x(+0) = 8$ und $y(+0) = 3$.

Beispiel 4.86.

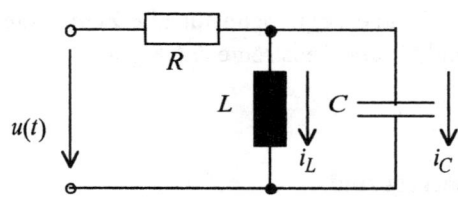

Bild 4.38 Schaltung von Beispiel 4.86

An die Schaltung von Bild 4.38 wird zur Zeit $t = 0$ eine Gleichspannung $u(t) = U_0\varepsilon(t)$ angelegt, Es gelte die Anfangsbedingung $u_C(+0) = 0$.

Für die Teilströme $i_L(t)$ und $i_C(t)$ gelten die Gleichungen

$$(1) \quad R\left[i_L(t) + i_C(t)\right] + L\frac{di_L(t)}{dt} = U_0\varepsilon(t)$$

$$(2) \quad L\frac{di_L(t)}{dt} = \frac{1}{C}\int_0^t i_C(\tau)d\tau$$

Man berechne für den periodischen Fall: $\dfrac{1}{2RC} < \dfrac{1}{\sqrt{LC}}$ den Teilstrom $i_C(t)$,

wenn folgende Anfangsbedingung gilt: $i_L(+0) = 0$.

Bemerkung: Durch Differenzieren könnte in Gleichung (2) das Integral weggebracht werden. Gleichung (2) wird dann eine Differentialgleichung 2. Ordnung. Dies ist aber nicht notwendig, da der Integrationssatz für die Originalfunktion verwendet werden kann. Gleichung (2) enthält die weitere Anfangsbedingung $u_C(+0) = 0$.

4.4.3 *RCL* - Netzwerke

Die Frage nach den Strömen und Spannungen in den Zweigen eines *RCL*-Netzwerks führt im Zeitbereich im allgemeinen auf ein System von linearen gewöhnlichen Differentialgleichungen mit konstanten Koeffizienten.
Im Bildbereich wird daraus durch Laplace-Transformation ein lineares Gleichungssystem für die Laplace-Transformierten der gesuchten Ströme und Spannungen.
In diesem Abschnitt soll nun gezeigt werden, dass man das lineare Gleichungssystem des Bildbereichs direkt, d.h. ohne Kenntnis des Differentialgleichungssystem des Zeitbereichs, erhalten kann. Dadurch wird das Lösungsverfahren noch einmal wesentlich vereinfacht.

Definition 4.7:

Ein Netzwerk heißt für Zeitpunkte $t < 0$ **unerregt**, wenn für alle Zeitpunkte $t < 0$, für alle Teilspannungen $u_k(t)$ und für alle Teilströme $i_k(t)$ gilt:

$$u_k(t) = 0 \quad \text{und} \quad i_k(t) = 0 .$$

a) *RCL*-Netzwerke, die für $t < 0$ unerregt sind

Wir wollen im folgenden zunächst nur Netzwerke betrachten, die für $t < 0$ unerregt sind.
Bei der Transformation eines Systems von linearen Differentialgleichungen des Zeitbereichs in den Bildbereich tritt die wichtige Frage nach den Anfangsbedingungen auf.
Da zugelassen werden soll, dass die zum Schaltzeitpunkt $t = 0$ einsetzende Erregung sich sprunghaft ändert, werden dann Teilströme und Teilspannungen an Wirkwiderständen sich ebenfalls sprunghaft ändern können.
Bei unstetigen Erregungen werden sich an Induktivitäten Spannungen, nicht aber Ströme, an Kapazitäten Ströme, nicht aber Spannungen, ebenfalls unstetig verhalten.
Die in den Differentialgleichungen auftretenden üblichen Ableitungen sind für $t = 0$ **nicht** in allen Fällen definiert.

Wir müssen daher die in den Differentialgleichungen auftretenden Ableitungen durch **verallgemeinerte Ableitungen** ausdrücken.

Verlaufen für $t = 0$ Teilströme oder Teilspannungen stetig, so stimmen ihre verallgemeinerten Ableitungen mit den üblichen Ableitungen überein. Anstelle des Differentiationssatzes für die Originalfunktion, der die rechtsseitigen Grenzwerte als Anfangswerte enthält, müssen wir den Differentiationssatz für die verallgemeinerte Ableitung einer Zeitfunktion verwenden, der die linksseitigen Grenzwerte als Anfangswerte enthält.

Gerade diese linksseitigen Grenzwerte aber sind es, die unter der Voraussetzung, dass das Netzwerk für $t < 0$ unerregt ist, alle Null sind.

Würden wir von den üblichen Ableitungen ausgehen und bei Netzwerken, die für $t < 0$ unerregt sind, die rechtsseitigen Grenzwerte Null setzen, was häufig vorgeschlagen wird, so kann dies zu widersprüchlichen Ergebnissen führen. Es kann dann vorkommen, dass das richtige Ergebnis einen rechtsseitigen Grenzwert besitzt, der entgegen der Voraussetzung ungleich Null ist. Derartige Widersprüche werden dann aber bewusst nicht zur Kenntnis genommen, da ja das Ergebnis richtig ist.

Satz 4.32:

Für die Teilströme $i_k(t)$ und die Teilspannungen $u_k(t)$ eines **für $t < 0$ unerregten Netzwerks** gelten die Korrespondenzen

$$i_k(t) \quad \circ\!-\!\bullet \quad I_k(s) \qquad \mathrm{D}^{(n)}i_k(t) \quad \circ\!-\!\bullet \quad s^n I_k(s)$$
$$u_k(t) \quad \circ\!-\!\bullet \quad U_k(s) \qquad \mathrm{D}^{(n)}u_k(t) \quad \circ\!-\!\bullet \quad s^n U_k(s) \tag{4.75}$$

Betrachten wir nun die Serien-schaltung von Wirkwiderstand R, Kapazität C und Induktivität L in Bild 4.39, so gilt, wenn das System für $t < 0$ unerregt ist, die Spannungs-gleichung

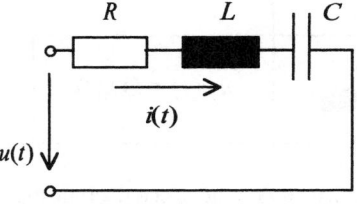

Bild 4.39 Serienschaltung

$$R\,i(t) + \frac{1}{C}\int\limits_{0}^{t} i(\tau)d\tau + L\,\mathrm{D}i(t) = u(t)$$

Durch Laplace-Transformation geht die Spannungsgleichung über in

$$RI(s) + \frac{1}{C}\frac{1}{s}I(s) + LsI(s) = U(s)$$

bzw.

$$\left[R + \frac{1}{Cs} + Ls\right]I(s) = U(s) \tag{4.76}$$

Gl. (4.76) ist als **"Ohm'sches Gesetz im Bildbereich"**

$$Z(s)I(s) = U(s) \tag{4.77}$$

interpretierbar, wenn wir den einzelnen Schaltelementen **symbolische Widerstände** (Bildwiderstände) zuordnen.

Symbolische Widerstände:

Schaltglied	Zeitwert der Spannung	Bildspannung	symbolischer Widerstand
R	$u_R(t) = R\,i(t)$	$U_R(s) = RI(s)$	$Z_R(s) = R$
C	$u_C(t) = \dfrac{1}{C}\displaystyle\int_0^t i(\tau)\mathrm{d}\tau$	$U_C(s) = \dfrac{1}{Cs}I(s)$	$Z_C(s) = \dfrac{1}{Cs}$
L	$u_L(t) = LDi(t)$	$U_L(s) = LsI(s)$	$Z_L(s) = Ls$

Stellen wir uns eine Serienschaltung von Wirkwiderstand R, Induktivität L, Kapazität C und Spannungsquelle $u(t)$ als Zweig eines größeren Netzwerks vor, so geht, wie in Bild 4.40 dargestellt ist, der Originalzweig durch Laplace-Transformation in einen entsprechenden Bildzweig über.

Das gesamte Originalnetzwerk wird so in ein "Bildnetzwerk" mit den entsprechenden Bildströmen, Bildspannungen und Bildwiderständen übergeführt.

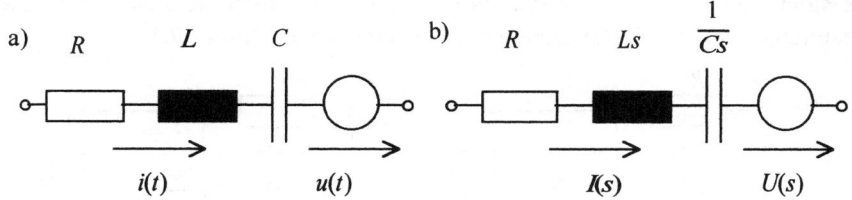

Bild 4.40 Originalzweig (a) und Bildzweig (b) eines *RCL*-Netzwerks

Dabei gilt der folgende wichtige Satz:

Satz 4.33:

Für die Bildströme $I_k(s)$, Bildspannungen $U_k(s)$ und die symbolischen Widerstände $Z_k(s)$ eines für $t < 0$ unerregten Netzwerks gelten formal die gleichen Netzwerksätze wie für die Originalströme $i_k(t)$, Originalspannungen $u_k(t)$ und die Originalwiderstände.

Wir können damit auf das Aufstellen der Differentialgleichungen des Zeitbereichs und ihre Transformation in den Bildbereich verzichten und die im Bildbereich geltenden Gleichungen mit den Netzwerksätzen (Ohm'sches Gesetz, Kirchhoff'sche Regeln, Maschenregeln) direkt aus den Schaltungen herleiten. Man erhält damit unmittelbar die Laplace-Transformierte $I(s)$ eines gesuchten Stromes $i(t)$ oder die Laplace-Transformierte $U(s)$ einer zu berechnenden Spannung $u(t)$.

Ein ähnliches Vorgehen ist von der symbolischen Methode der Wechselstromtechnik her bekannt. Dort werden im Sonderfall sinusförmiger Erregungen die Ströme und Spannungen im stationären Zustand analog zu den Gesetzen der Gleichstromlehre dadurch berechnet, dass man den Schaltelementen komplexe Widerstände zuordnet. Im Gegensatz zur symbolischen Methode der Wechselstromlehre wird hier über die Erregung $u(t)$ keine Einschränkung gemacht, außer der, dass sie eine Laplace-Transformierte $U(s)$ haben soll. Durch inverse Laplace-Transformation erhält man die Originalströme und Spannungen, die nicht nur für die Zeit $t \rightarrow \infty$ den stationären Zustand, sondern auch den Einschaltvorgang beschreiben. Auf den Fall, dass das Netzwerk für $t < 0$ nicht unerregt ist, werden wir später eingehen.

Beispiel 4.87. An den Stromkreis von Bild 4.41 wird zur Zeit $t = 0$ die Spannung $u(t) = U_0 \varepsilon(t)$ angelegt. Man berechne den Strom $i(t)$.

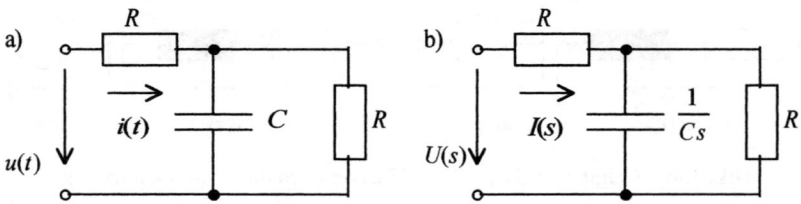

Bild 4.41   Schaltung zu Beispiel 4.87   a) Originalkreis   b) Bildkreis

Aus dem Bildkreis erhalten wir den symbolischen Gesamtwiderstand

$$Z(s) = R + \frac{R \dfrac{1}{Cs}}{R + \dfrac{1}{Cs}} = R \frac{RCs+2}{RCs+1} = R \frac{s + \dfrac{2}{RC}}{s + \dfrac{1}{RC}}$$

und den Bildstrom

$$I(s) = \frac{U(s)}{Z(s)} = \frac{1}{R} \frac{s + \dfrac{1}{RC}}{s + \dfrac{2}{RC}} \frac{U_0}{s} = \frac{A_1}{s} + \frac{A_2}{s + \dfrac{2}{RC}}$$

Mit

$$A_1 = \left[\frac{U_0}{R} \frac{s + \dfrac{1}{RC}}{s + \dfrac{2}{RC}} \right]_{s=0} = \frac{U_0}{2R} \quad \text{und} \quad A_2 = \left[\frac{U_0}{R} \frac{s + \dfrac{1}{RC}}{s} \right]_{s = -\frac{2}{RC}} = \frac{U_0}{2R}$$

findet man schließlich den Bildstrom $\quad I(s) = \dfrac{U_0}{2R} \left[\dfrac{1}{s} + \dfrac{1}{s + \dfrac{2}{RC}} \right]$.

Durch inverse Laplace-Transformation folgt im Zeitbereich für den Strom

$$i(t) = \frac{U_0}{R} \left[1 + e^{-\frac{2t}{RC}} \right]$$

Den zeitlichen Verlauf des Stromes
zeigt Bild 4.42.

Dabei gilt: $i(+0) = \dfrac{U_o}{R}$.

Man beachte, dass der rechtsseitige
Grenzwert des Stromes hier von Null
verschieden ist. Der Strom verhält
sich zum Schaltzeitpunkt $t = 0$
unstetig.

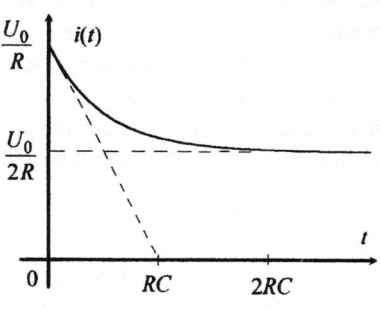

Bild 4.42 Strom $i(t)$

Verwendet man bei den Differentialgleichungen des Zeitbereiches die
gewöhnlichen Ableitungen, so wird üblicherweise genauso vorgegangen, d.h. es
werden bei für $t < 0$ unerregten Netzwerken die Anfangswerte Null gesetzt. Bei
diesem Verfahren sind dies aber die rechtsseitigen Grenzwerte. Das Ergebnis ist
das gleiche, steht aber im Widerspruch zu den angenommenen Anfangswerten.
Dies ist deshalb der Fall, weil der Strom $i(t)$ sich für $t = 0$ unstetig verhält.

Verwendet man, wie vorgeschlagen die auch für bei $t = 0$ unstetigen Funktionen
definierten verallgemeinerten Ableitungen, so werden die linksseitigen
Grenzwerte Null gesetzt. Diese linksseitigen Grenzwerte sind aber bei für $t < 0$
unerregte Netzwerke sicher Null. Das Ergebnis steht jetzt **nicht** im Widerspruch
zu den Voraussetzungen.

Beispiel 4.88.   Für das in Bild 4.43 dargestellte Netzwerk mit den
Maschenströmen $i_1(t)$, $i_2(t)$ und $i_3(t)$ soll für die Eingangsspannung
$u_e(t) = U_0 \varepsilon(t)$ die zugehörige Ausgangsspannung $u_a(t)$ berechnet werden.

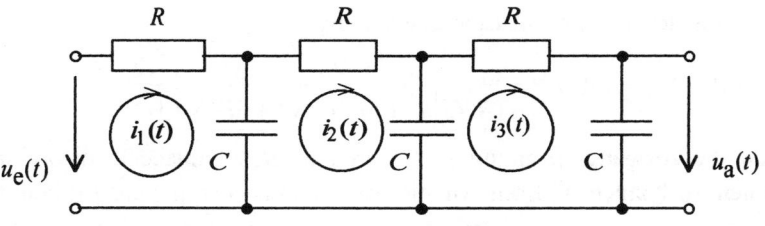

Bild 4.43 Netzwerk zu Beispiel 4.88

Bezüglich der schon mehrmals verwendeten und auch in diesem Beispiel verwendeten elektrotechnischen Berechnungsverfahren sei auf die im Literaturverzeichnis angegeben Bücher hingewiesen.

Für die Bildströme ergeben sich unter Verwendung der symbolischen Widerstände nach dem Maschenstrom-Verfahren die hier schon geordneten Spannungsgleichungen des Bildbereichs.

$$\left(R+\frac{1}{Cs}\right)I_1(s) \quad - \quad \frac{1}{Cs}I_2(s) \qquad\qquad\qquad = \quad U_e(s)$$

$$-\frac{1}{Cs}I_1(s) \quad + \quad \left(R+\frac{2}{Cs}\right)I_2(s) \quad - \quad \frac{1}{Cs}I_3(s) \quad = \quad 0$$

$$\qquad\qquad - \quad \frac{1}{Cs}I_2(s) \quad + \quad \left(R+\frac{2}{Cs}\right)I_3(s) \quad = \quad 0$$

Die Auflösung dieses Gleichungssystems nach dem zur Berechnung von $U_a(s)$ benötigten Bildstrom $I_3(s)$ führt zu

$$I_3(s) = \frac{\begin{vmatrix} R+\frac{1}{Cs} & -\frac{1}{Cs} & U_e(s) \\ -\frac{1}{Cs} & R+\frac{2}{Cs} & 0 \\ 0 & -\frac{1}{Cs} & 0 \end{vmatrix}}{\begin{vmatrix} R+\frac{1}{Cs} & -\frac{1}{Cs} & 0 \\ -\frac{1}{Cs} & R+\frac{2}{Cs} & -\frac{1}{Cs} \\ 0 & -\frac{1}{Cs} & R+\frac{2}{Cs} \end{vmatrix}} = \frac{Cs}{R^3C^3s^3 + 5R^2C^2s^2 + 6RCs + 1}$$

Mit der Eingangsspannung $u(t) = U_0\,\varepsilon(t)$ $\circ\!\!-\!\!\bullet$ $U(s) = \dfrac{U_0}{s}$ folgt für die Laplace-Transformierte der Ausgangsspannung

$$U_a(s) = \frac{1}{Cs}I_3(s) = \frac{U_o}{s(R^3C^3s^3 + 5R^2C^2s^2 + 6RCs + 1)}$$

Um nun die Ausgangsspannung $u_a(t)$ durch inverse Laplace-Transformation bestimmen zu können, müssen wir die echt gebrochen rationale Bildfunktion $U_a(s)$ in Partialbrüche zerlegen. Dazu benötigen wir die Pole von $U_a(s)$, d.h. die Lösungen der Gleichung

$$s(R^3C^3s^3 + 5R^2C^2s^2 + 6RCs + 1) = 0$$

Die Polstelle $s_1 = 0$ erkennt man sofort. Setzt man $RCs = x$, so ergeben sich die übrigen Pole als Lösungen der algebraischen Gleichung

$$x^3 + 5x^2 + 6x + 1 = 0 .$$

Einen ersten Überblick über die Lage der gesuchten Nullstellen ergibt der Verlauf der Funktion $f(x) = x^3 + 5x^2 + 6x + 1$.

Die graphisch ermittelten Näherungswerte können mit einem numerischen Näherungsverfahren verbessert werden.

Verwenden wir hier die auf 3 Dezimalstellen gerundeten Werte

$$x_1 = -0{,}198 \quad \Rightarrow \quad s_2 = -\frac{0{,}198}{RC}$$

$$x_2 = -1{,}555 \quad \Rightarrow \quad s_3 = -\frac{1{,}555}{RC}$$

$$x_3 = -3{,}247 \quad \Rightarrow \quad s_4 = -\frac{3{,}247}{RC}$$

Die Lösungen der Gleichung $x^3 + 5x^2 + 6x + 1 = 0$ kann man natürlich auch einfacher durch Verwendung entsprechender, selbst auf vielen Taschenrechnern vorhandener Software bekommen. Es gibt aber auch Programme, welche die gesamte Partialbruchzerlegung komplett durchführen.

Der im Koordinatennullpunkt liegenden Polstelle $s_1 = 0$ entspricht im Zeitbereich ein konstanter Anteil, den anderen Polstellen entsprechen verschieden schnell abklingende Exponentialfunktionen.

Da nun die Polstellen von $U_a(s)$, bekannt sind, kann die Partialbruchzerlegung durchgeführt werden.

$$U_a(s) = \frac{U_0}{R^3C^3} \cdot \frac{1}{s\left[s + \dfrac{0{,}198}{RC}\right]\left[s + \dfrac{1{,}555}{RC}\right]\left[s + \dfrac{3{,}247}{RC}\right]}$$

$$= \frac{A_1}{s} + \frac{A_2}{s + \dfrac{0{,}198}{RC}} + \frac{A_3}{s + \dfrac{1{,}555}{RC}} + \frac{A_4}{s + \dfrac{3{,}247}{RC}}$$

Für die Konstanten erhält man die auf 3 Dezimalstellen gerundeten Werte

$$A_1 = U_0, \quad A_2 = -1{,}220\,U_0, \quad A_3 = 0{,}280\,U_0, \quad A_4 = -0{,}060\,U_0$$

Durch inverse Laplace-Transformation findet man schließlich die gesuchte Ausgangsspannung

$$u_a(t) = U_0\left[1 - 1{,}220\,e^{-\frac{1{,}198}{RC}} + 0{,}280\,e^{-\frac{1{,}555}{RC}} - 0{,}060\,e^{-\frac{3{,}247}{RC}}\right]$$

Wie bei der Betrachtung des gegebenen Netzwerks zu erkennen ist, gilt für den konstanten Anteil A_1 der Ausgangsspannung $A_1 = \lim\limits_{t\to\infty} u_a(t) = U_0$.

Nach langer Zeit liegt am Ausgang die Spannung U_0. Dieser Zusammenhang läßt sich auch mit dem Endwertsatz berechnen:

$$A_1 = \lim_{t\to\infty} u_a(t) = \lim_{s\to 0} s\,U_a(s) = U_0$$

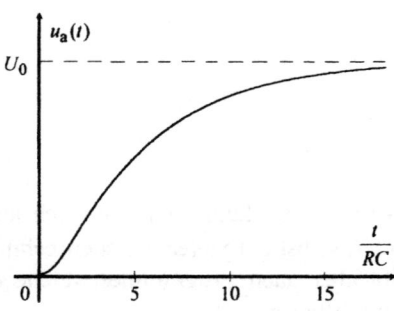

Der zeitliche Verlauf der Ausgangsspannung $u_a(t)$ ist in Bild 4.44 dargestellt.

Da der am langsamsten abklingende Anteil der Ausgangsspannung die größte Amplitude hat, erreicht die Ausgangsspannung $u_a(t)$ erst zum Zeitpunkt $t = 15\,RC$ den Wert $u_a(t) = 0{,}937\,U_0$.

Bild 4.44   Ausgangsspannung $u_a(t)$

Beispiel 4.89: Man berechne den Stromverlauf $i(t)$, wenn an das RC-Glied in Bild 4.45 a die in Bild 4.45 b dargestellte Spannung $u(t)$ angelegt wird.

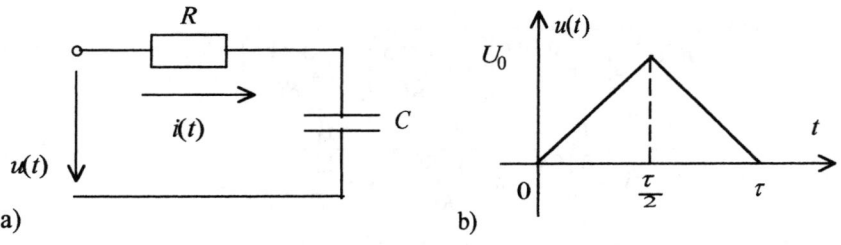

a)   b)

Bild 4.45 RC-Glied (a) und Spannungsverlauf (b) von Beispiel 4.89

Im Bildraum gilt nach dem Ohm'schen Gesetz für den Bildstrom

$$I(s) = \frac{U(s)}{Z(s)} = \frac{U(s)}{R + \dfrac{1}{Cs}} = \frac{Cs}{RCs + 1}U(s) = \frac{1}{R}\frac{s}{s + \dfrac{1}{Cs}}U(s)$$

Nach dem im Abschnitt 4.3.10 behandelten Beispiel 4.53 gilt für die Bildspannung

$$U(s) = \frac{2U_0}{\tau}\frac{1}{s^2}\left[1 - e^{-\frac{s\tau}{2}}\right]^2$$

Für den Bildstrom folgt damit

$$I(s) = \frac{2U_0}{R\tau}\frac{1}{s(s + \dfrac{1}{RC})}\left[1 - 2e^{-\frac{s\tau}{2}} + e^{-s\tau}\right]$$

Eine Partialbruchzerlegung ergibt

$$\frac{1}{s(s + \dfrac{1}{RC})} = RC\left[\frac{1}{s} - \frac{1}{s + \dfrac{1}{RC}}\right]$$

Hiermit erhalten wir den Bildstrom

$$I(s) = \frac{2U_0 C}{\tau}\left[\frac{1}{s} - \frac{1}{s + \dfrac{1}{RC}}\right]\left[1 - 2e^{-\frac{s\tau}{2}} + e^{-s\tau}\right]$$

Man kann nun den Bildstrom in drei Anteile $I(s) = I_1(s) + I_2(s) + I_3(s)$ aufspalten:

$$I_1(s) = \frac{2U_0 C}{\tau}\left[\frac{1}{s} - \frac{1}{s + \dfrac{1}{RC}}\right] \qquad I_2(s) = \frac{2U_0 C}{\tau}\left[\frac{1}{s} - \frac{1}{s + \dfrac{1}{RC}}\right]\left[-2e^{-\frac{s\tau}{2}}\right]$$

$$I_3(s) = \frac{2U_0 C}{\tau}\left[\frac{1}{s} - \frac{1}{s + \dfrac{1}{RC}}\right]e^{-s\tau}$$

Der Strom $i(t)$ besteht demnach aus drei Anteilen, von denen $i_1(t)$ zur Zeit $t = 0$, $i_2(t)$ zur Zeit $t = \dfrac{\tau}{2}$ und $i_3(t)$ zur Zeit $t = \tau$ einsetzt. Es gilt daher

$$
i(t) = \begin{cases}
\dfrac{2U_0C}{\tau}\left(1 - e^{-\frac{t}{RC}}\right) & \text{für } 0 < t < \dfrac{\tau}{2} \\[4ex]
\dfrac{2U_0C}{\tau}\left(-1 - e^{-\frac{t}{RC}} + 2e^{-\frac{t-\frac{\tau}{2}}{RC}}\right) & \text{für } \dfrac{\tau}{2} < t < \tau \\[4ex]
\dfrac{2U_0C}{\tau}\left(-e^{-\frac{t}{RC}} + 2e^{-\frac{t-\frac{\tau}{2}}{RC}} - e^{-\frac{t-\tau}{RC}}\right) & \text{für } t < \tau
\end{cases}
$$

Entsprechend dem Spannungsverlauf, nämlich linear ansteigende Spannung für $0 < t < \tau/2$, linear abfallende Spannung für $\tau/2 < t < \tau$ und Spannung $u(t) = 0$ für $t > \tau$, wird der Strom $i(t)$ in den drei Zeitintervallen durch verschiedenen Funktionen beschrieben. Bild 4.46 zeigt den Verlauf des Stromes $i(t) = i_1(t) + i_2(t) + i_3(t)$.

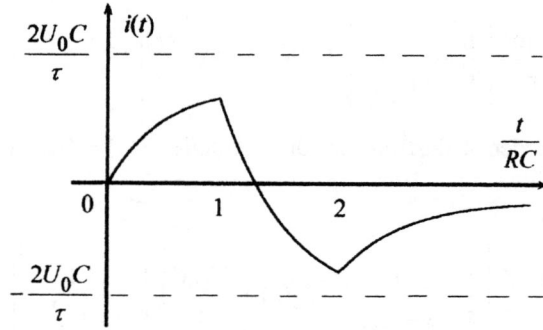

Bild 4.46 Stromverlauf $i(t)$

b) Netzwerke, die für $t < 0$ nicht unerregt sind

Wir wollen nun den Fall behandeln, dass das Netzwerk für $t < 0$ nicht unerregt ist. Dabei sind zwei Fälle zu beachten.

1. Der Strom in einer Induktivität kann einen Anfangswert $i_L(-0) = i_0$ haben.

2. Die Spannung an einer Kapazität kann den Anfangswert $u_C(-0) = U_0$ besitzen.

Die linkseitigen Grenzwerte $i_L(-0)$ und $u_C(-0)$ sind Werte, die aus der Vergangenheit des Systems resultieren. Auf welche Art diese Anfangswerte entstanden sind, spielt dabei keine Rolle.

1. Induktivität mit einem Anfangsstrom $i_L(-0) = i_0$

An die Schaltung von Bild 4.47 werde zur Zeit $t = 0$ eine Spannung $u(t)$ angelegt. Die Induktivität L hat einen Anfangsstrom i_0.

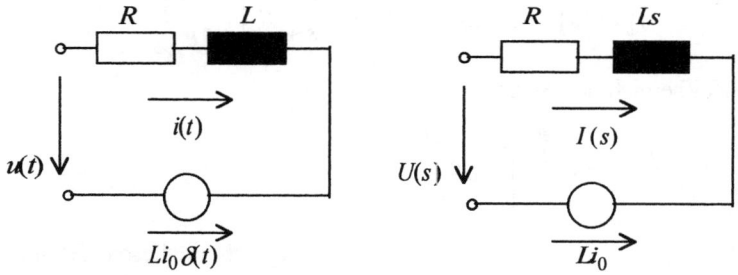

Bild 4.47   a) Originalstromkreis   b) Bildstromkreis

Um den Einfluss des Anfangstroms i_0 zu erkennen, gehen wir von der Spannungsgleichung des Zeitbereichs

$$R\,i(t) + L\,\mathrm{D}\,i(t) = u(t)$$

aus. Diese geht durch Laplace-Transformation unter Beachtung des Anfangsstroms (bei der verallgemeinerten Ableitung ist $i(-0) = i_0$ zu verwenden) über in

$$R\,I(s) + L\,[s\,I(s) - i_0] = U(s) \quad \text{bzw.}$$

$$[R + Ls]\,I(s) = U(s) + L\,i_0 \tag{4.78}$$

An Gl. (4.78) erkennt man, dass im Bildbereich wie bisher gerechnet werden kann, wenn der Anfangsstrom i_0 durch eine zusätzliche Erregung $L i_0$ berücksichtigt wird.
Im Zeitbereich entspricht dies einem zusätzlichen Spannungsstoß $L i_0 \delta(t)$. Dadurch wir die gesamte Vergangenheit des Stromkreises von $t = -\infty$ bis $t = -0$ berücksichtigt.

Beispiel 4.90. An den Stromkreis von Bild 4.47 wird zur Zeit $t = 0$ die Spannung $u(t) = U_0 \varepsilon(t)$ angelegt. Der Anfangsstrom sei $i(-0) = i_0$.

Gl. (4.77) liefert

$$\left[R + Ls \right] I(s) = \frac{U_0}{s} + L\, i_0$$

Daraus erhält man durch Auflösen nach $I(s)$ und einer Partialbruchzerlegung

$$I(s) = \frac{U_0}{s\left[R + Ls\right]} + \frac{L i_0}{R + Ls} = \frac{U_0}{R}\left[\frac{1}{s} - \frac{1}{s + \dfrac{R}{L}} \right] + \frac{i_0}{s + \dfrac{R}{L}}$$

und im Zeitbereich den Strom

$$i(t) = \frac{U_0}{R}\left[1 - e^{-\frac{R}{L}t} \right] + i_0\, e^{-\frac{R}{L}t}$$

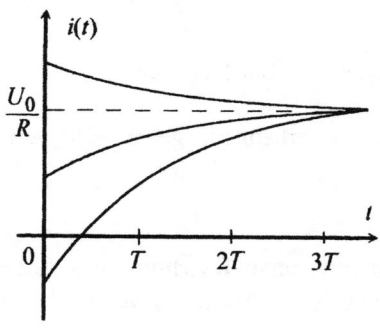

Bild 4.48   Stromverlauf mit $T = \dfrac{R}{L}$

Da sich in diesem Beispiel der Strom wegen der Induktivität nicht sprunghaft ändern kann, liefert die Rechnung erwartungsgemäß auch den rechtsseitigen Grenzwert $i(+0) = i_0$.
In Bild 4.48 ist der Strom für verschiedene Anfangsströme i_0 dargestellt.

Unabhängig von i_0 gilt:

$$\lim_{t \to \infty} i(t) = \frac{U_0}{R}.$$

2. Kapazität mit einer Anfangsspannung $u_C(-0) = U_0$

An den Stromkreis von Bild 4.49 wird zum Zeitpunkt $t = 0$ eine Spannung $u(t)$ angelegt. Die Kapazität C hat eine Anfangsspannung $u_C(-0) = U_0$.

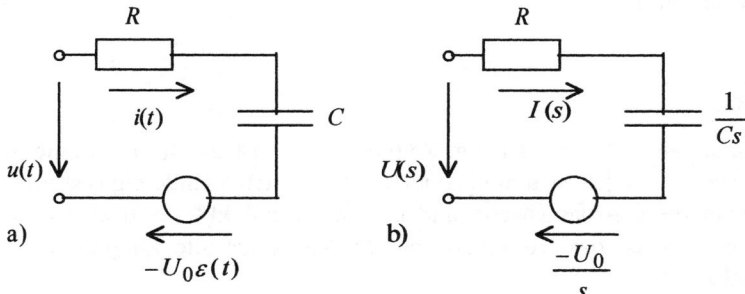

Bild 4.49   a) Originalstromkreis   b) Bildstromkreis

Die Spannungsgleichung des Zeitbereiches $R\,i(t) + \dfrac{1}{C}\displaystyle\int_{-\infty}^{t} i(\tau)d\tau = u(t)$

bzw.

$$R\,i(t) + \frac{1}{C}\int_{-\infty}^{-0} i(\tau)d\tau + \frac{1}{C}\int_{-0}^{t} i(\tau)d\tau = u(t)$$

enthält im Integral $\dfrac{1}{C}\displaystyle\int_{-\infty}^{-0} i(\tau)d\tau = u_C(-0) = U_0$ die gesamte Vergangenheit des

Stromkreises.

Im Bildbereich erhalten wir durch Laplace-Transformation unter Beachtung des Integrationssatzes die Gleichung

$$R\,I(s) + \frac{U_0}{s} + \frac{1}{Cs}I(s) = U(s) \quad \text{oder}$$

$$\left(R + \frac{1}{Cs}\right)I(s) = U(s) - \frac{U_0}{s} \tag{4.79}$$

Gl. (4.79) zeigt, dass auch im Falle einer Kapazität mit einer Anfangsspannung mit den gewohnten Bildströmen, Bildspannungen und Bildwiderständen gerechnet werden kann, wenn die Anfangsspannung der Kapazität $u_C(-0) = U_0$ im Bildbereich durch eine zusätzliche Erregung $-U_0/s$ berücksichtigt wird. Im Zeitbereich hat dies eine zusätzliche Spannung $U_0\,\varepsilon(t)$ zur Folge.

Satz 4.34:

Der Zustand eines Netzwerks zum Zeitpunkt $t = 0$ ist durch die Ströme in den Induktivitäten und den Spannungen an den Kapazitäten eindeutig bestimmt. Kennt man diese Anfangswerte und die vom Zeitpunkt $t = 0$ ab wirksamen Erregungen, so ist das Verhalten des Netzwerks für alle Zeitpunkte $t \geq 0$ berechenbar.

Beispiel 4.91. An den Stromkreis von Bild 4.49 wird zur Zeit $t = 0$ eine Gleichspannung $u(t) = U_1\varepsilon(t)$ angelegt. Die Anfangsspannung sei U_0. Man berechne den Strom $i(t)$.

Gl. (4.79) ergibt mit $U(s) = \dfrac{U_1}{s}$ nach dem Bildstrom aufgelöst

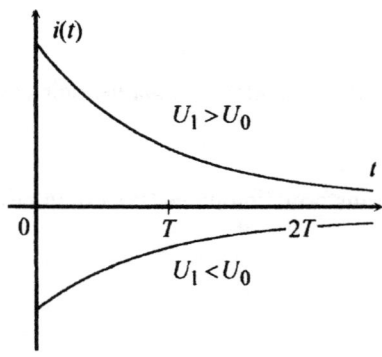

$$I(s) = \frac{U_1 - U_0}{s}\,\frac{1}{R + \dfrac{1}{Cs}} =$$

$$= \frac{U_1 - U_0}{s}\,\frac{Cs}{RCs + 1} =$$

$$= \frac{U_1 - U_0}{R}\,\frac{1}{s + \dfrac{1}{RC}}$$

Im Zeitbereich erhält man damit den Strom

Bild 4.50 Stromverlauf mit $T = \dfrac{1}{RC}$

$$i(t) = \frac{U_1 - U_0}{R}\,e^{-\frac{1}{RC}t}$$

Übungsaufgaben zum Abschnitt 4.4.3 (Lösungen im Anhang)

Beispiel 4.92. Man berechne den Strom $i(t)$, wenn an die Schaltung von Bild 4.51 die Spannung

$$u(t) = U_0 \varepsilon(t)$$

angelegt wird.

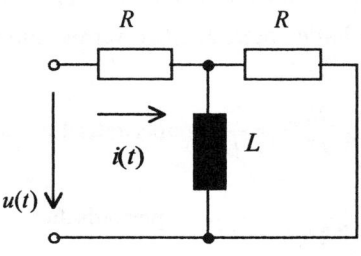

Bild 4.51 Stromkreis

Beispiel 4.93. Man berechne den Spannungsverlauf $u_R(t)$ am Wirkwiderstand R der Schaltung von Bild 4.52 a für die Eingansspannung $u(t) = kt$.

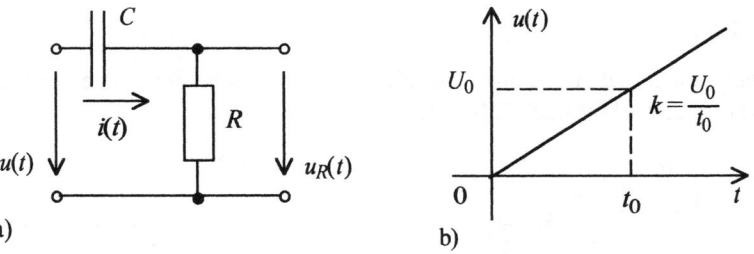

a)

b)

Bild 4.52 Schaltung (a) und Spannungsverlauf (b) von Beispiel 4.93

Beispiel 4.94. Man berechne für das Netzwerk von Bild 4.53 a den Maschenstrom $i_2(t)$, wenn die Spannung $u(t)$ ein Rechteckimpuls der Höhe U_0 und der Dauer τ nach Bild 4.53 b ist.

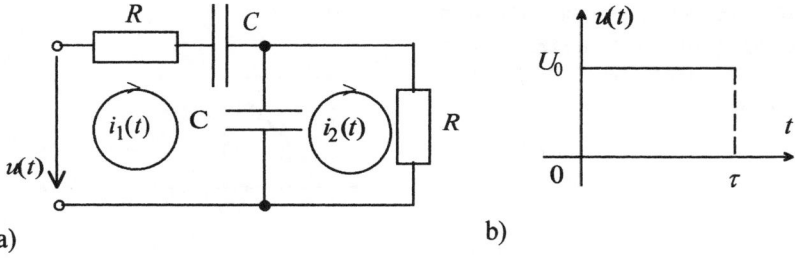

a)   b)

Bild 4.53 Schaltung (a) und Spannungsverlauf (b) von Beispiel 4.94

Beispiel 4.95. Gegeben ist der Serienschwingkreis von Bild 4.54. Man berechne für die Spannung $u(t) = U_0 \varepsilon(t)$ den Strom $i(t)$, wobei die folgenden drei Fälle unterschieden werden sollen.

a) $\left(\dfrac{R}{2L}\right)^2 > \dfrac{1}{LC}$ aperiodischer Fall

b) $\left(\dfrac{R}{2L}\right)^2 = \dfrac{1}{LC}$ aperiodischer

  Grenzfall

c) $\left(\dfrac{R}{2L}\right)^2 < \dfrac{1}{LC}$ periodischer Fall

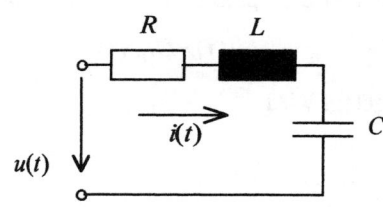

Bild 4.54 Serienschwingkreis

Beispiel 4.96.

a) Man berechne den Strom $i(t)$ für die Schaltung nach Bild 4.55 a bei einem Spannungsverlauf nach Bild 4.55 b.

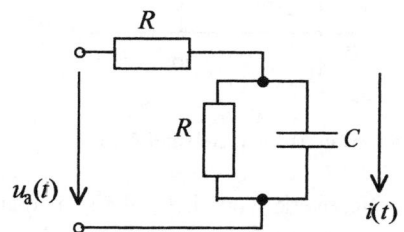

Bild 4.55 a   Schaltung

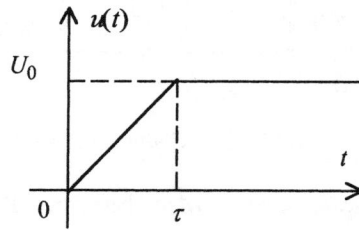

Bild 4.55 b   Spannungsverlauf $u(t)$

b) Man berechne den Strom $i(t)$, wenn eine Spannung $u(t)$ angelegt wird, deren Verlauf in Bild 4.55c dargestellt ist.

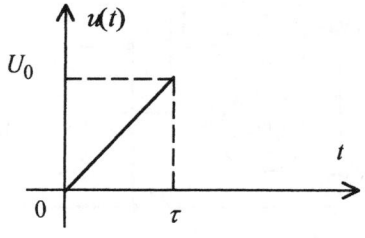

Bild 4.55 c Spannung $u(t)$

Beispiel 4.97.

a)   An das Übertragungsglied nach Bild 4.56 a wird eine Eingangsspannung

$$u_e(t) = U_0 \varepsilon(t)$$

angelegt. Man berechne den Strom $i(t)$ und die Ausgangsspannung $u_a(t)$.

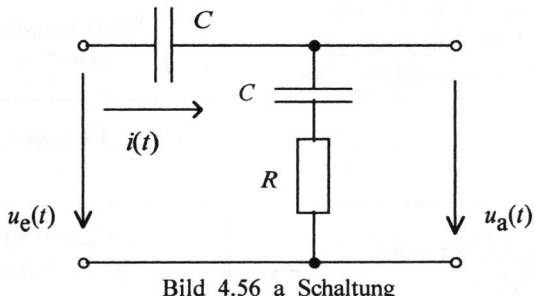

Bild 4.56 a Schaltung

b)   Für das Übertragungsglied nach Bild 4.56 b sollen der Maschenstrom $I_2(s)$
und die Ausgangsspannungen $u_a(t)$ am Wirkwiderstand R berechnet
werden, wenn die Einganspannung gegeben ist durch

   1) $u_e(t) = \delta(t)$

   2) $u_e(t) = U_0 \varepsilon(t)$

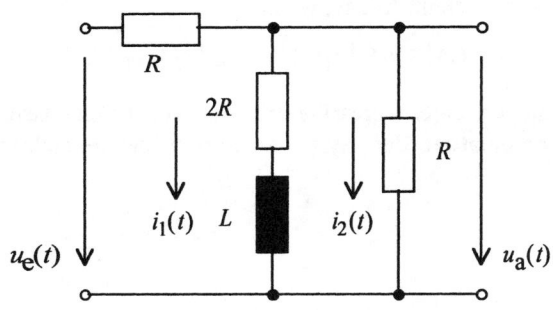

Bild 4.56 b Schaltung

4.5 Übertragungsverhalten von Netzwerken

4.5.1 Grundbegriffe

In diesem Abschnitt soll der Zusammenhang zwischen dem Eingangssignal $x(t)$ und dem Ausgangssignal $y(t)$ eines Übertragungsglieds betrachtet werden.

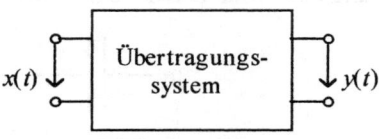

Bild 4.57 Übertragungsglied

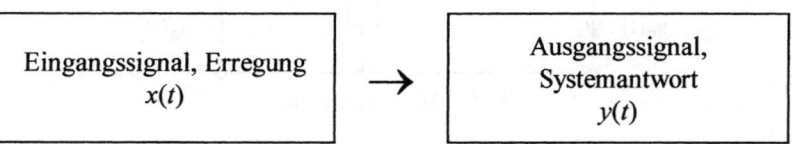

Mit der symbolischen Schreibweise $y(t) = S\{x(t)\}$ soll ausgedrückt werden, dass $y(t)$ die Systemantwort auf das Eingangssignal $x(t)$ ist.

Wir wollen uns im folgenden auf lineare, zeitinvariante Systeme beschränken.

Definition 4.8:

Ein Übertragungssystem heißt **linear**, wenn

$$S\{k_1 x_1(t) + k_2 x_2(t)\} = k_1 S\{x_1(t)\} + k_2 S\{x_2(t)\} \qquad (4.80)$$

gilt. Die Systemantwort einer Linearkombination von Eingangssignalen ist die analoge Linearkombination der Systemantworten der einzelnen Eingangssignale.

Definition 4.9:

Ein System heißt **zeitinvariant**, wenn aus

$$S\{x(t)\} = y(t) \qquad \text{folgt} \qquad S\{x(t - t_0)\} = y(t - t_0) \qquad (4.81)$$

Die Art der Reaktion eines zeitinvarianten Systems ist unabhängig vom Zeitpunkt des Eintreffens des Eingangssignals.

Lineare und zeitinvariante Systeme werden in der Literatur häufig als **LTI-Systeme** (linear time invariant systems) bezeichnet. Eine Möglichkeit, Auskunft über das zeitliche Verhalten eines Übertragungssystems zu bekommen, besteht darin, die Antworten des Systems auf standardisierte Eingangssignale zu beobachten. Die Sprungfunktion $\varepsilon(t)$ und die Impulsfunktion $\delta(t)$ sind die wichtigsten Testfunktionen dieser Art. Sprungfunktion und Impulsfunktion stellen idealisierte Erregungen dar. Dabei kann insbesondere die Impulsfunktion $\delta(t)$ technisch nur näherungsweise realisiert werden. Die Antworten eines Übertragungssystems auf diese Eingangssignale werden wir im folgenden näher betrachten. Dabei gelten folgende Festlegungen.

4.5.2 Impulsantwort und Sprungantwort

Definition 4.10:

Unter der **Impulsantwort** $g(t)$ eines Übertragungssystems versteht man das Ausgangsignal bei einem impulsförmigen Eingangssignal $x(t) = \delta(t)$.

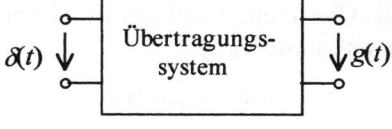

Bild 4.58 Impulsantwort $g(t)$

Die Impulsantwort $g(t)$ wird auch als **Gewichtsfunktion** bezeichnet.

Die Impulsantwort hat eine große praktische Bedeutung. Wir werden später zeigen, dass für jedes Eingangssignal $x(t)$ das zugehörige Ausgangssignal $y(t)$ berechnet werden kann, wenn die Impulsantwort $g(t)$ des Übertragungsglieds bekannt ist.

Definition 4.11:

Unter der **Sprungantwort** (Übergangsfunktion) $h(t)$ eines Übertragungssystems versteht man das Ausgangssignal bei einem sprungförmigen Eingangssignal $x(t) = \varepsilon(t)$.

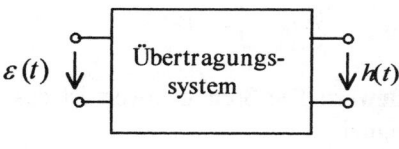

Bild 4.59 Sprungantwort $h(t)$

4.5.3 Übertragungsfunktion

Das Ausgangssignal $y(t)$ eines linearen zeitinvarianten Übertragungssystems ist bei dem vorgegebenen Eingangssignal $x(t)$ durch das Übertragungsglied (Netzwerk) eindeutig bestimmt. Es ist daher auch die Laplace-Transformierte $Y(s)$ des Ausgangssignals durch die Laplace-Transformierte $X(s)$ des Eingangssignals und das Übertragungsglied eindeutig festgelegt.

Definition 4.12:

Unter der Übertragungsfunktion $G(s)$ eines Übertragungssystems versteht man das Verhältnis der Laplace-Transformierten $Y(s)$ des Ausgangssignals zu $X(s)$ der Laplace-Transformierten des Eingangssignals.

$$G(s) = \frac{Y(s)}{X(s)} \tag{4.82}$$

Satz 4.35:

Die Übertragungsfunktion $G(s)$ ist die Laplace-Transformierte der Impulsantwort $g(t)$.

$$G(s) = L\left\{g(t)\right\} \tag{4.83}$$

Beweis: Mit $x(t) = \delta(t)$, d.h. $X(s) = 1$ folgt aus Gl. (4.82) $G(s) = Y(s)$. Die Übertragungsfunktion $G(s)$ ist demnach die Laplace-Transformierte der Impulsantwort (Gewichtsfunktion) $g(t)$.

Satz 4.36:

Die Sprungantwort $h(t)$ erhält man durch eine Integration von 0 bis t über die Gewichtsfunktion $g(t)$.

$$h(t) = \int_0^t g(\tau)d\tau \tag{4.84}$$

Beweis: Die Sprungantwort ist das Ausgangssignal $y(t)$ bei einem Eingangssignal

$$x(t) = \varepsilon(t) \circ\!\!-\!\!\bullet X(s) = \frac{1}{s}$$

Mit Gl. (4.82) folgt

Mit Gl. (4.82) folgt

$$Y(s) = X(s)G(s) = \frac{1}{s}G(s) \bullet\!\!-\!\!\circ \int_0^t g(\tau)d\tau$$

Mit dem Integrationssatz für die Originalfunktion erhält man damit die Aussage von Gl. (4.84).

Bemerkung:

Die Folgerung aus Gl. (4.84), die Impulsantwort $g(t)$ als Ableitung der Sprungantwort $h(t)$ zu berechnen, ist nur dann allgemein richtig, wenn die verallgemeinerte Ableitung verwendet wird.

$$g(t) = D\,h(t)$$

Satz 4.37:

Das Ausgangssignal $y(t)$ eines linearen zeitinvarianten Übertragungssystems erhält man durch Faltung des Eingangssignals $x(t)$ mit der Gewichtsfunktion $g(t)$.

$$y(t) = x(t) * g(t) = \int_0^t g(\tau)x(t-\tau)d\tau \tag{4.85}$$

Beweis: Aus der Definitionsgleichung der Übertragungsfunktion

$$G(s) = \frac{Y(s)}{X(s)} \quad \text{folgt} \quad Y(s) = G(s)X(s)$$

Mit dem Faltungssatz (Abschn. 4.3.8) erhält man sofort die Behauptung des Satzes 4.37.

Das Faltungsintegral von Gl. (4.85) ist auch unter dem Namen **Duhamel'sches Integral** bekannt. Es beschreibt den Zusammenhang zwischen der Ursache $x(t)$ und der Wirkung $y(t)$ eines Übertragungssystems. Dabei ergibt sich die Wirkung $y(t)$ als Faltung der Ursache $x(t)$ mit der Gewichtsfunktion $g(t)$.

Gl. (4.85) zeigt auch, dass zu einem vorgegebenen Eingangssignal $x(t)$ stets das Ausgangssignal $y(t)$ berechnet werden kann, wenn nur die Gewichtsfunktion $g(t)$ des Übertragungssystems bekannt ist. Die Auswertung des Faltungsintegrals kann notfalls mit numerischen Näherungsmethoden erfolgen.

Bei den Anwendungen ist das Eingangssignal $x(t)$ häufig eine Eingangsspannung $u_e(t)$ und das Ausgangssignal $y(t)$ die zugehörige Ausgangsspannung $u_a(t)$. Für die Übertragungsfunktion gilt dann

$$G(s) = \frac{U_a(s)}{U_e(s)} \qquad (4.86)$$

Es gilt dann

$$U_a(s) = G(s) U_e(s) \qquad (4.87)$$

Eingangs- und Ausgangssignal müssen nicht immer Größen der gleichen Art (z. B. Spannungen) sein. In der Regelungstechnik können hier die verschiedenartigsten Dimensionen auftreten.

Beispiel 4.98. Man berechne die Übertragungsfunktion $G(s)$, die Übergangsfunktion $h(t)$ und die Impulsantwort $g(t)$ des RC-Glieds in Bild 4.60.

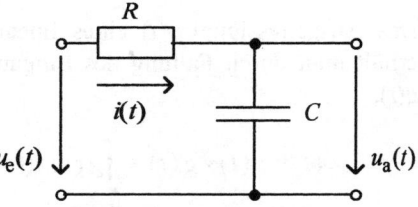

Bild 4.60 *RC*-Glied

a) Übertragungsfunktion $G(s)$:

Als Eingangssignal $x(t)$ haben wir hier eine Eingangsspannung

$$u_e(t) \circ\!\!-\!\!\bullet U_e(s) = \left(R + \frac{1}{Cs}\right) I(s)$$

und als Ausgangssignal $y(t)$ die Ausgangsspannung $u_a(t)$

Mit $G(s) = \dfrac{Y(s)}{X(s)} = \dfrac{U_a(s)}{U_e(s)}$ erhalten wir für die Übertragungsfunktion

$$G(s) = \frac{U_a(s)}{U_e(s)} = \frac{\dfrac{1}{Cs} I(s)}{\left(R + \dfrac{1}{Cs}\right) I(s)} = \frac{1}{RCs+1} = \frac{1}{RC}\frac{1}{s+\dfrac{1}{RC}}$$

b) Übergangsfunktion $h(t)$:

Als Eingangssignal $x(t)$ haben wir die Eingangsspannung

$$u_e(t) = U_0 \varepsilon(t) \circ\!\!-\!\!\bullet\ U_e(s) = \frac{U_0}{s}$$

Das zugehörige Ausgangssignal $y(t)$, hier die Ausgangsspannung $u_a(t)$ ist die Sprungantwort oder Übergangsfunktion $h(t)$.

$$U_a(s) = G(s)U_e(s) = \frac{1}{RC}\frac{1}{s+\dfrac{1}{RC}}\frac{U_0}{s} = \frac{U_0}{RC}\frac{1}{s\left(s+\dfrac{1}{RC}\right)}$$

Durch Partialbruchzerlegung erhält man $\quad U_a(s) = U_0\left[\dfrac{1}{s} - \dfrac{1}{s+\dfrac{1}{RC}}\right]$

und durch inverse Laplace-Transformation schließlich

$$u_a(t) = h(t) = U_0\left[1 - e^{-\frac{1}{RC}t}\right]$$

c) Impulsantwort, Gewichtsfunktion $g(t)$

Nach Satz 4.35 ist die Übertragungsfunktion $G(s)$ die Laplace-Transformierte der Impulsantwort $g(t)$.

$$G(s) = \frac{1}{RC}\frac{1}{s+\dfrac{1}{RC}} \bullet\!\!-\!\!\circ\ g(t) = \frac{1}{RC}e^{-\frac{1}{RC}t}$$

Bild 4.61 zeigt den Verlauf der Sprungantwort $h(t)$ und der Impulsantwort $g(t)$ des RC-Gliedes von Beispiel 4.98.

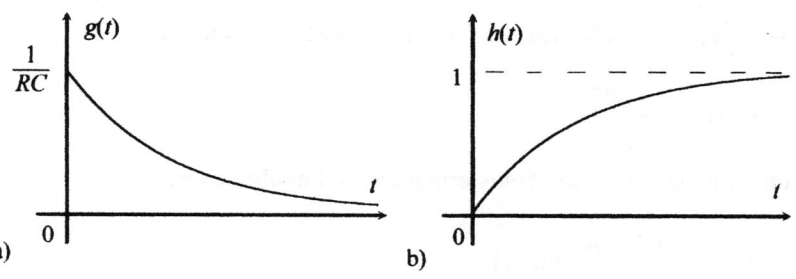

Bild 4.61   a) Impulsantwort $g(t)$ b) Sprungantwort $h(t)$

Beispiel 4.99.
Es sollen die Übertragungsfunktion
$G(s)$ und die Impulsantwort $g(t)$ des
in Bild 4.62 dargestellten Schwing-
kreises berechnet werden.

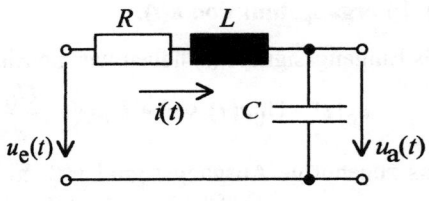

Bild 4.62 Schwingkreis

a) Übertragungsfunktion $G(s)$

$$G(s) = \frac{U_a(s)}{U_e(s)} = \frac{\frac{1}{Cs}I(s)}{\left(R + Ls + \frac{1}{Cs}\right)I(s)} = \frac{1}{LCs^2 + RCs + 1}$$

b) Impulsantwort $g(t)$

Die Impulsantwort $g(t)$ erhält man durch inverse Laplace-Transformation aus
der Übertragungsfunktion $G(s)$. Für die Partialbruchzerlegung der echt
gebrochen rationalen Bildfunktion $G(s)$ wollen wir diese zuerst noch umformen.

Mit der Kennkreisfrequenz $\omega_0 = \frac{1}{\sqrt{LC}}$ und der Abklingkonstanten $\delta = \frac{R}{2L}$

folgt

$$G(s) = \frac{\omega_0^2}{s^2 + 2\delta s + \omega_0^2} = \frac{\omega_0^2}{(s+\delta)^2 + (\omega_0^2 - \delta^2)}$$

Wir unterscheiden die folgenden drei Fälle:

1. Periodischer Fall: $\omega_0^2 - \delta^2 > 0$, Dämpfungsgrad $\vartheta < 1$

Mit $\omega = \sqrt{\omega_0^2 - \delta^2}$ erhalten wir für die Übertragungsfunktion

$$G(s) = \frac{\omega_0^2}{(s+\delta)^2 + \omega^2}$$

und durch inverse Laplace-Transformation die Impulsantwort

$$g(t) = \frac{\omega_0^2}{\omega} e^{-\delta t} \sin(\omega t)$$

2. Aperiodischer Grenzfall: $\omega_0^2 - \delta^2 = 0$, Dämpfungsgrad $\vartheta = 1$

$$G(s) = \frac{\omega_0^2}{(s+\delta)^2} \quad \bullet\!\!-\!\!\circ \quad g(t) = \omega_0^2 t\, e^{-\delta t}$$

3. Aperiodischer Fall: $\omega_0^2 - \delta^2 < 0$, Dämpfungsgrad $\vartheta > 1$

Nun sei $\omega = \sqrt{\delta^2 - \omega_0^2}$. Damit erhalten wir für die Übertragungsfunktion

$$G(s) = \frac{\omega_0^2}{(s+\delta)^2 - \omega^2}$$

und durch inverse Laplace-Transformation die Impulsantwort

$$g(t) = \frac{\omega_0^2}{\omega} e^{-\delta t} \sinh(\omega t)$$

Bild 4.63 zeigt den Verlauf der Gewichtsfunktionen für verschiedene Dämpfungsgrade ϑ.

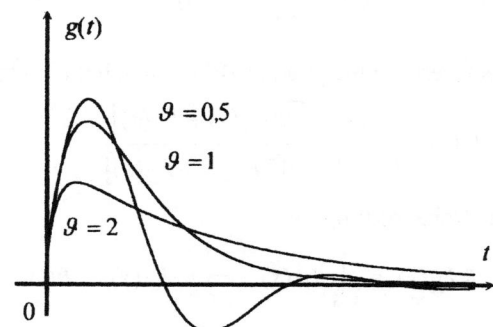

$g(t)$

$\vartheta = 0{,}5$

$\vartheta = 1$

$\vartheta = 2$

Bild 4.63
Gewichtsfunktionen

Beispiel 4.100.

Für die im Bild 4.64 a, b dargestellten Übertragungsglieder sollen die Übertragungsfunktionen bestimmt werden.

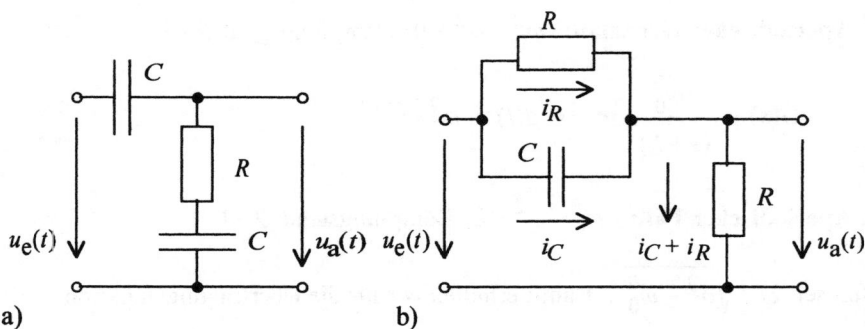

Bild 4.64   Übertragungsglieder zu Beispiel 4.100

a) Für das in Bild 4.64 a dargestellte Übertragungsglied gelten im Bildbereich die Gleichungen

$$U_a(s) = \left[R + \frac{1}{Cs}\right]I(s) \quad \text{und} \quad U_e(s) = \left[R + \frac{2}{Cs}\right]I(s)$$

Für die Übertragungsfunktion folgt hieraus

$$G(s) = \frac{U_a(s)}{U_e(s)} = \frac{\left[R + \dfrac{1}{Cs}\right]I(s)}{\left[R + \dfrac{2}{Cs}\right]I(s)} = \frac{RCs + 1}{RCs + 2}$$

b) Das Übertragungsglied in Bild 4.64 b hat die Übertragungsfunktion

$$G(s) = \frac{U_a(s)}{U_e(s)} = \frac{R[I_R(s) + I_C(s)]}{R[2I_R(s) + I_C(s)]}$$

Mit der Nebenbedingung

$$R I_R(s) = \frac{1}{Cs}I_C(s) \quad \Rightarrow \quad I_C(s) = RCs\, I_R(s)$$

erhalten wir für die Übertragungsfunktion

$$G(s) = \frac{I_R(s)[1 + RCs]}{I_R(s)[2 + RCs]} = \frac{RCs + 1}{RCs + 2}$$

Die beiden hier betrachteten Übertragungsglieder haben also die gleiche Übertragungsfunktion $G(s)$. Sie stimmen daher in ihrem Übertragungsverhalten überein.

Beispiel 4.101.

Für das Übertragungsglied von Bild 4.65 soll die Übertragungsfunktion

$$G(s) = \frac{U_a(s)}{U_e(s)} \quad \text{berechnet werden.}$$

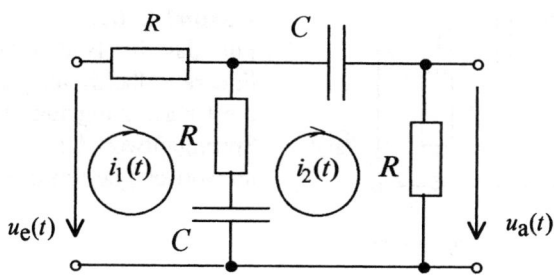

Bild 4.65 Übertragungsglied

Für die Bildströme $I_1(s)$ und $I_2(s)$ erhält man die folgenden Gleichungen:

(1) $\left(2R + \dfrac{1}{Cs}\right) I_1(s) - \left(R + \dfrac{1}{Cs}\right) I_2(s) = U_e(s)$

(2) $-\left(R + \dfrac{1}{Cs}\right) I_1(s) + \left(2R + \dfrac{2}{Cs}\right) I_2(s) = 0$

Zur Berechnung von $U_a(s) = R\,I_2(s)$ benötigen wir den Bildstrom $I_2(s)$. Wir erhalten mit der Cramer'schen Regel:

$$I_2(s) = \frac{\begin{vmatrix} 2R + \dfrac{1}{Cs} & U_e(s) \\[2ex] -\left(R + \dfrac{1}{Cs}\right) & 0 \end{vmatrix}}{\begin{vmatrix} 2R + \dfrac{1}{Cs} & -\left(R + \dfrac{1}{Cs}\right) \\[2ex] -\left(R + \dfrac{1}{Cs}\right) & 2R + \dfrac{2}{Cs} \end{vmatrix}} = \frac{Cs}{3RCs + 1} U_e(s)$$

Die Laplace-Transformierte der Ausgangsspannung lautet damit

$$U_a(s) = R\,I_2(s) = \frac{RCs}{3RCs + 1} U_e(s)$$

Für die gesuchte Übertragungsfunktion folgt daraus

$$G(s) = \frac{U_a(s)}{U_e(s)} = \frac{RCs}{3RCs+1} = \frac{s}{3(s+\frac{1}{3RC})}$$

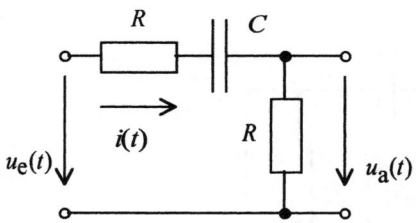

Beispiel 4.102.
Für das in Bild 4.66 skizzierte lineare Übertragungsglied sollen die Übertragungsfunktion $G(s)$, die Sprungantwort $h(t)$ und die Impulsantwort $g(t)$ bestimmt werden.

Bild 4.66 Übertragungsglied

a) Übertragungsfunktion $G(s)$:

$$G(s) = \frac{U_a(s)}{U_e(s)} = \frac{R\,I(s)}{\left(2R+\dfrac{1}{RC}\right)I(s)} = \frac{RCs}{2RCs+1} = \frac{1}{2}\frac{s}{s+\dfrac{1}{2RC}}$$

In einfachen Fällen, in denen mit einem gemeinsamen Strom $i(t)$ $\circ\!-\!\bullet$ $I(s)$ gearbeitet werden kann, ist die Übertragungsfunktion durch das Widerstandsverhältnis $G(s) = \dfrac{Z_a(s)}{Z(s)}$ gegeben.

b) Sprungantwort $h(t)$:

$$H(s) = G(s)\frac{1}{s} = \frac{1}{2}\frac{1}{s+\dfrac{1}{2RC}}$$

$$\Rightarrow\ h(t) = \frac{1}{2}e^{-\frac{1}{2RC}t}$$

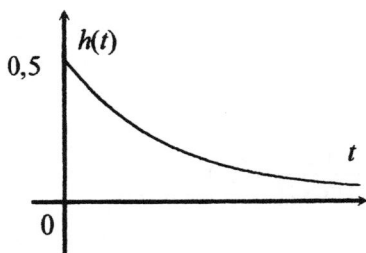

Bild 4.67 Sprungantwort $h(t)$

c) Impulsantwort $g(t)$:

Die Impulsantwort $g(t)$ erhält man durch inverse Laplace-Transformation aus der Übertragungsfunktion $G(s)$.

Polynomdivision der unecht gebrochen rationalen Übertragungsfunktion $G(s)$ ergibt

$$G(s) = \frac{1}{2}\frac{s}{s+\frac{1}{2RC}} = \frac{1}{2}\left[1 - \frac{1}{2RC}\frac{1}{s+\frac{1}{2RC}}\right] \bullet\!-\!\circ\, g(t) = \frac{1}{2}\delta(t) - \frac{1}{4RC}e^{-\frac{1}{2RC}t}$$

Will man aber mit Gl. 4.84 die Impulsantwort $g(t)$ als Ableitung der Sprungantwort $h(t)$ bestimmen, so führt die "übliche" Ableitung

$$\frac{dh(t)}{dt} = -\frac{1}{4RC}e^{-\frac{1}{2RC}t}$$

hier zu einem **falschen** Ergebnis. Das **richtige** Ergebnis für die Impulsantwort $g(t)$ liefert die **verallgemeinerte Ableitung**

$$Dh(t) = \frac{1}{2}\delta(t) - \frac{1}{4RC}e^{-\frac{1}{2RC}t}.$$

Wegen der Unstetigkeit der Sprungantwort $h(t)$ an der Stelle $t = 0$ mit der Sprunghöhe 0,5 liefert die verallgemeinerte Ableitung der Sprungantwort zur Impulsantwort $g(t)$ den zusätzlichen Anteil $0,5\,\delta(t)$.

An den Eingang des Übertragungsgliedes liegt ein kurzer Spannungsimpuls. Man erkennt, dass am Ausgang ein ebenso kurzer Spannungsimpuls halber Größe liegt. Der durch den Spannungsimpuls verursachte Stromimpuls hat den Kondensator geladen, der anschließend wieder entladen wird.

Beispiel 4.103.
Gegeben ist das lineare Übertragungsglied von Bild 4.68.
Bestimmt werden sollen die Übertragungsfunktion $G(s)$, die Impulsantwort $g(t)$ und die Sprungantwort $h(t)$.

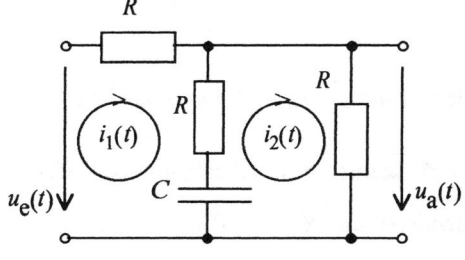

Bild 4.68 Übertragungsglied

a) Übertragungsfunktion

1. Bestimmung von $G(s)$ durch Berechnung des Maschenbildstromes $I_2(s)$

Aus den Maschengleichungen

(1) $\left(2R + \dfrac{1}{Cs}\right)I_1(s) \quad - \quad \left(R + \dfrac{1}{Cs}\right)I_2(s) \quad = \quad U_e(s)$

(2) $-\left(R + \dfrac{1}{Cs}\right)I_1(s) \quad + \quad \left(2R + \dfrac{1}{Cs}\right)I_2(s) \quad = \quad 0$

folgt für den gesuchten Maschenstrom

$$I_2(s) = \frac{\begin{vmatrix} \left(2R + \dfrac{1}{Cs}\right) & U_e(s) \\[3mm] -\left(R + \dfrac{1}{Cs}\right) & 0 \end{vmatrix}}{\begin{vmatrix} \left(2R + \dfrac{1}{Cs}\right) & -\left(R + \dfrac{1}{Cs}\right) \\[3mm] -\left(R + \dfrac{1}{Cs}\right) & \left(2R + \dfrac{1}{Cs}\right) \end{vmatrix}} = \frac{RCs+1}{R(3RCs+2)}U_e(s)$$

$$\Rightarrow U_a(s) = R\,I_2(s) = \frac{RCs+1}{3RCs+2}U_e(s) \Rightarrow G(s) = \frac{U_a(s)}{U_e(s)} = \frac{RCs+1}{3RCs+2}$$

Da die Übertragungsfunktion $G(s)$ die Laplace-Transformierte der Impuls-antwort $g(t)$ ist, kann in den Maschengleichungen direkt $U_e(s) = L\{\delta(t)\} = 1$ eingesetzt werden. Man erhält dann (in diesem Beispiel)

$G(s) = U_a(s) = R\,I_2(s)$.

2. Bestimmung von $G(s)$ durch das Bildwiderstandsverhältnis $\quad G(s) = \dfrac{Z_a(s)}{Z(s)}$

Am Ausgang des Übertragungsgliedes liegt die Parallelschaltung der Bildwiderstände R und $\left(R + \dfrac{1}{Cs}\right)$. Damit folgt für die Übertragungsfunktion

$$G(s) = \cfrac{\cfrac{R\left(R+\dfrac{1}{Cs}\right)}{2R+\dfrac{1}{Cs}}}{R+\cfrac{R\left(R+\dfrac{1}{Cs}\right)}{2R+\dfrac{1}{Cs}}} = \cfrac{R\left(R+\dfrac{1}{Cs}\right)}{R\left(2R+\dfrac{1}{Cs}\right)+R\left(R+\dfrac{1}{Cs}\right)} = \frac{RCs+1}{3RCs+2}$$

Man spart sich so die Berechnung des Bildstromes $I_2(s)$, muss aber statt dessen einen verschachtelten Bruch vereinfachen.

b) Impulsantwort

Die Übertragungsfunktion $G(s)$ ist eine unecht gebrochen rationale Funktion. Durch Polynomdivision ergibt sich:

$$G(s)=\frac{1}{3}\frac{s+\dfrac{1}{RC}}{s+\dfrac{2}{3RC}}=\frac{1}{3}\left[1+\frac{\dfrac{1}{3RC}}{s+\dfrac{2}{3RC}}\right] \quad \bullet\!\!-\!\!\circ \quad g(t)=\frac{1}{3}\left[\delta(t)+\frac{1}{3RC}e^{-\frac{2}{3RC}t}\right]$$

c) Sprungantwort

$$H(s)=G(s)\frac{1}{s}=\frac{1}{3}\frac{s+\dfrac{1}{RC}}{s\left(s+\dfrac{2}{3RC}\right)}=\frac{1}{2}\frac{1}{s}-\frac{1}{6}\frac{1}{s+\dfrac{2}{3RC}} \quad \bullet\!\!-\!\!\circ \quad h(t)=\frac{1}{2}-\frac{1}{6}e^{-\frac{2}{3RC}t}$$

Man erkennt (auch am Schaltbild) $h(0)=\dfrac{1}{3}$ und $h(\infty)=\dfrac{1}{2}$.

Die Sprungantwort $h(t)$ ist an der Stelle $t = 0$ unstetig mit der Sprunghöhe $h(0)=\dfrac{1}{3}$.

Die Impulsantwort $g(t)$ ergibt sich hier also als verallgemeinerte Ableitung der Sprungantwort $h(t)$.

$$g(t) = Dh(t) = \frac{1}{3}\delta(t)+\frac{1}{9RC}e^{-\frac{2}{3RC}t}$$

4.5.4 Pol-Nullstellenplan einer Übertragungsfunktion

Satz 4.38:

Die Polstellen s_i $(i = 1, 2, \cdots, m)$ der Übertragungsfunktion $G(s)$ eines RCL-Netzwerks liegen im Inneren der linken Halbebene, d.h., es gilt für alle i

$$\operatorname{Re} s_i < 0.$$

Beweis:

Ein RCL-Netzwerk ist ein passives Netzwerk, es antwortet auf ein impuls-förmiges Eingangssignal mit einem zeitlich abklingenden Ausgangssignal. Die Impulsantwort $g(t)$ ist daher ebenfalls eine abklingende Zeitfunktion. Ihre Laplace-Transformierte, die Übertragungsfunktion $G(s)$, hat daher, wie wir im Abschnitt 4.3.7 gesehen haben, nur Pole, deren Realteile negativ sind.

Die Lage der Pole eines passiven Netzwerks spielt für weitere Überlegungen eine wichtige Rolle.

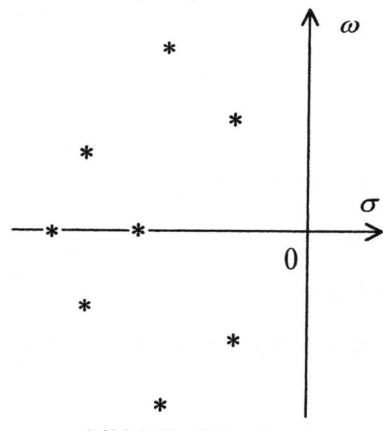

Bild 4.69 Polstellenplan
einer Übertragungsfunktion

Wir wissen, dass aus der Lage der Pole einer Bildfunktion wichtige Rück-schlüsse auf den Verlauf der zuge-hörigen Zeitfunktion gezogen werden können.

Der durch ein impulsförmiges Ein-gangssignal (z. B. Störimpulse) verur-sachte Ausgleichsvorgang klingt dabei schneller ab, wenn die Pole weiter links im Polstellenplan liegen.

Einem Paar konjugiert komplexer Pole mit einem negativen Realteil entspricht dabei im Zeitbereich eine gedämpfte Schwingung.

Ergänzend dazu sei gezeigt, dass aus der Lage konjugiert komplexer Pole mit negativen Realteilen auch eine Aussage über den Dämpfungsgrad gemacht werden kann.

Betrachten wir das Übertragungsglied von Bild 4.70, welches folgende Übertragungsfunktion hat:

$$G(s) = \frac{1}{LCs^2 + RCs + 1}$$

$$= \frac{\omega_0^2}{(s+\delta)^2 + \omega_0^2 - \delta^2}$$

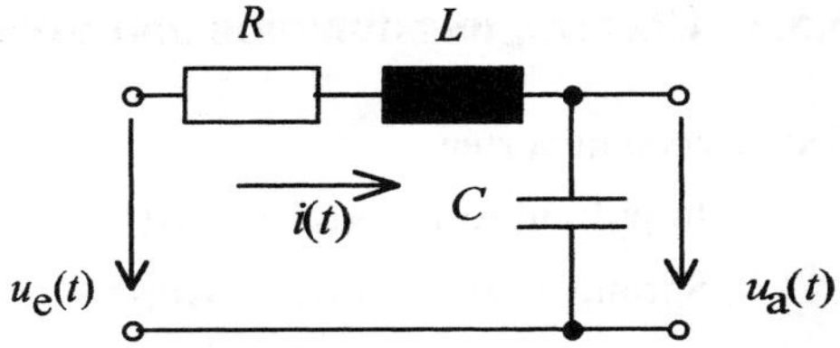

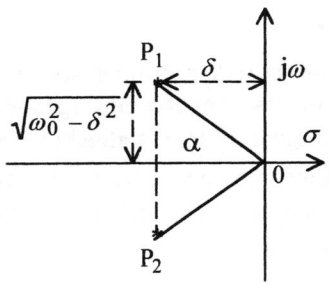

Bild 4.70 Übertragungsglied

Im Falle schwacher Dämpfung, bei einem Dämpfungsgrad $\vartheta < 1$, hat die Übertragungsfunktion $G(s)$ ein Paar von konjugiert komplexen Polen.

$$s_{1,2} = -\delta \pm j\sqrt{\omega_0^2 - \delta^2}.$$

Im Polstellenplan liegen diese Pole symmetrisch zur reellen Achse und haben vom Koordinatennullpunkt die Entfernung

$$\overline{OP_1} = \overline{OP_2} = \sqrt{\delta^2 - (\omega_0^2 - \delta^2)}$$

$$= \omega_0$$

Bild 4.71 Polstellenplan

Mit dem in Bild 4.71 eingeführten Winkel α erhält man

$$\cos\alpha = \frac{\delta}{\omega_0} = \vartheta \qquad\qquad (4.88)$$

Einem in der linken Halbebene gelegenen Paar von konjugiert komplexen Polstellen entspricht im Zeitbereich eine gedämpfte Schwingung mit einem Dämpfungsgrad ϑ, der gleich dem Kosinus des Winkels ist, den die Verbindungslinie einer Polstelle mit dem Ursprung einerseits und der negativen reellen Achse andererseits miteinander einschließen.

Das durch einen impulsförmigen Störimpuls verursachte Ausgangssignal klingt um so schneller ab je weiter links die Polstellen der Übertragungsfunktion $G(s)$ liegen. Im Falle einer gedämpften Schwingung ist der Dämpfungsgrad um so größer, je kleiner der Winkel α ist, den die Verbindungslinien der entsprechenden konjugiert komplexen Pole mit dem Ursprung bilden.

Dadurch sind "günstige Bereiche" bestimmt, in denen die Polstellen einer Übertragungsfunktion liegen sollten.

4.5.5 Übertragungsfunktion und Frequenzgang

Die Systemantworten,

Impulsantwort $g(t) = S\{\delta(t)\}$ und

Sprungantwort $h(t) = S\{\varepsilon(t)\}$,

sind wichtige Kenngrößen eines Übertragungssystems.
Wir wollen nun untersuchen, wie ein RCL-Netzwerk auf ein periodisches
Eingangssignal antwortet. Dabei interessiert insbesondere die Antwort des
Systems auf ein sinusförmiges Eingangssignal.

Satz 4.39:

Ein RCL-Netzwerk antwortet auf ein **periodisches** Eingangssignal $x(t)$ nach
Abklingen des Einschwingvorganges mit einem stationären periodischen
Ausgangssignal $y_{st}(t)$ der **gleichen** Periodendauer.

Ist das Eingangssignal $x(t)$ im Sonderfall sinusförmig, so ist das stationäre
Ausgangssignal $y_{st}(t)$ ebenfalls sinusförmig mit der gleichen Frequenz wie das
Eingangssignal.

Beweis:

Ein T-periodisches Eingangssignal $x(t)$ hat, wie im Abschnitt 4.4.3 gezeigt
wurde, eine Laplace-Transformierte

$$X(s) = \frac{X_0(s)}{1 - e^{-sT}}.$$

Hierbei ist $X_0(s)$ die Laplace-Transformierte einer nur im Zeitintervall von 0 bis
T von Null verschiedenen Zeitfunktion, deren periodische Fortsetzung $x(t)$
ergibt. Für die Laplace-Transformierte des Ausgangssignals erhalten wir mit
der Übertragungsfunktion $G(s)$

$$Y(s) = G(s) \frac{X_0(s)}{1 - e^{-sT}}.$$

Wir wollen uns nun die Lage der Pole von $Y(s)$, der Laplace-Transformierten
des Ausgangssignals $Y(s)$, betrachten.

Der erste Faktor $G(s)$ hat nach Satz 4.38 nur Pole mit negativen Realteil, die

links von der imaginären Achse liegen. Der zweite Faktor, nämlich $\dfrac{X_0(s)}{1 - e^{-sT}}$,

hat abgesehen von den Polen von $X_0(s)$, die nicht in der rechten Halbebene liegen, falls $x_0(t)$ beschränkt ist, was angenommen werden kann, noch die Pole, die durch die Gleichung

$$1 - e^{-sT} = 0$$

bestimmt sind. Die Lösungen dieser Gleichung $e^{-sT} = 1 = e^{\pm k2\pi j}$ sind

$$s = \pm \frac{j2k}{T} = \pm j k \omega_0$$

$(k = 0,1,2,3,\ldots)$.

Hierbei ist ω_0 die Kreisfrequenz des periodischen Eingangssignals $x(t)$.

Neben den Polen der Übertragungsfunktion $G(s)$ und der Laplace-Transformierten $X_0(s)$, die im Inneren der linken Halbebene liegen, gibt es noch die Polstellenpaare

$$s = \pm j k \omega_0$$

auf der imaginären Achse.

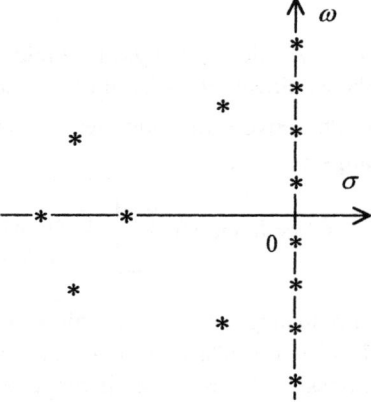

Bild 4.72 Lage der Polstellen von $Y(s)$

Den Polen in der linken Halbebene entsprechen im Zeitbereich abklingende (flüchtige) Anteile. Da nun jedem Polstellenpaar $s = \pm j k \omega_0$ im Zeitbereich eine stationäre harmonische Schwingung der Kreisfrequenz $k \omega_0$ entspricht, stellt die Summe dieser harmonischen Schwingungen, ihre Konvergenz vorausgesetzt, die Fourierreihe eines periodischen stationären Ausgangssignals $y_{st}(t)$ der Grundkreisfrequenz ω_0 dar.

Ist im Sonderfall das Eingangssignal $x(t)$ sinusförmig, d.h.

$$x(t) = E \sin(\omega t) \circ\!\!-\!\!\bullet\ X(s) = \frac{E\omega}{s^2 + \omega^2}\ ,$$

so ist die Laplace-Transformierte des Ausgangssignals

$$Y(s) = G(s) \frac{E\omega}{s^2 + \omega^2}$$

Da wir jetzt nur **ein** Polstellenpaar $s = \pm j\omega$ auf der imaginären Achse haben, ist das Ausgangssignal nach dem Abklingen der flüchtigen Anteile ebenfalls sinusförmig, eine Tatsache, von der Wechselstromlehre ständig Gebrauch gemacht wird.

Definition 4.13:

Unter dem **Frequenzgang** $\underline{F}$ eines Übertragungsglieds versteht man

$$\underline{F} = \frac{A}{E} e^{j\varphi} \tag{4.89}$$

Dabei ist A die Ausgangsamplitude des stationären sinusförmigen Ausgangssignals bei einem sinusförmigen Eingangssignal der Eingangsamplitude E und φ die Phasenverschiebung des stationären Ausgangssignals $y_S(t)$ gegen das Eingangssignal $x(t)$.

$$x(t) = E\sin(\omega t) \quad \boxed{\begin{array}{c} \text{Übertragungs-} \\ \text{system} \end{array}} \quad y(t) = A\sin(\omega t + \varphi)$$

Der Frequenzgang ist im allgemeinen ein komplexer Zeiger, der die Amplitudenvergrößerung und die Phasenverschiebung des sinusförmigen Ausgangssignals im eingeschwungenen Zustand gegenüber dem sinusförmigen Eingangssignal angibt.

Neben der Impulsantwort $g(t)$ und der Sprungantwort $h(t)$ ist der Frequenzgang $\underline{F}$ eine wichtige Kenngröße eines Übertragungsgliedes.

Satz 4.40:

Ist $G(s)$ die Übertragungsfunktion eines Übertragungsgliedes, so gilt für den Frequenzgang

$$\underline{F} = G(j\omega) \tag{4.90}$$

Beweis: Zur Vereinfachung sei als Eingangssignal die komplexe Schwingung

$$x(t) = E e^{j\omega t} \quad \circ\!-\!\bullet \quad X(s) = \frac{E}{s - j\omega}$$

verwendet.

Mit der reellen Schwingung $\quad x(t) = E\sin(\omega t) = E\dfrac{e^{j\omega t} - e^{-j\omega t}}{2j} \quad$ verläuft der

Beweis analog.

Mit dem Eingangssignal $x(t) = E\,e^{j\omega t}$ erhält man als stationäres Ausgangssignal

$$y_{st}(t) = A\,e^{j(\omega t + \varphi)} \circ\!\!-\!\!\bullet\; Y_{st}(s) = \frac{A e^{j\varphi}}{s - j\omega}$$

Da sich das Ausgangssignal $y(t)$ aus einem stationären und einem flüchtigen (zeitlich abklingenden) Anteil zusammensetzt, gilt

$$Y(s) = Y_{st}(s) + Y_{fl}(s) = \frac{A\,e^{j\varphi}}{s - j\omega} + Y_{fl}(s)$$

Andererseits folgt mit der Definition der Übertragungsfunktion

$$Y(s) = G(s)X(s) = G(s)\frac{E}{s - j\omega}$$

Daraus ergibt sich

$$G(s)\frac{E}{s - j\omega} = \frac{A e^{j\varphi}}{s - j\omega} + Y_{fl}(s) \Rightarrow G(s) = \frac{A}{E}e^{j\varphi} + \frac{s - j\omega}{E}Y_{fl}(s)$$

Setzt man in die letzte Gleichung für s den Wert $s = j\omega$ ein, so folgt schließlich

$$G(j\omega) = \frac{A}{E}e^{j\varphi} = \underline{F}\,.$$

Wir wissen, dass die Übertragungsfunktion $G(s) = G(\sigma + j\omega)$ die Laplace-Transformierte der Impulsantwort (Gewichtsfunkion) $g(t)$ ist.
Der Frequenzgang $G(j\omega)$ ist die Fourier-Transformierte (Spektralfunktion) der Gewichtsfunktion $g(t)$.

$$\underline{F} = G(j\omega) = F\{g(t)\}$$

Wir haben im Abschnitt 2.2 festgestellt, dass der Realteil der Spektralfunktion einer reellwertigen Zeitfunktion eine gerade, der Imaginärteil eine ungerade Funktion ist.
Auf den Frequenzgang $G(j\omega)$ als Spektralfunktion der Gewichtsfunktion $g(t)$ übertragen, bedeutet dies

$$\operatorname{Re} G(j\omega) = \operatorname{Re} G(-j\omega) \quad \text{und} \quad \operatorname{Im} G(-j\omega) = -\operatorname{Im} G(j\omega) \qquad \Rightarrow$$

$$G(-j\omega) = \operatorname{Re} G(-j\omega) + j\operatorname{Im} G(-j\omega) = \operatorname{Re} G(j\omega) - j\operatorname{Im} G(j\omega) = G^*(j\omega)$$

$G(-\mathrm{j}\,\omega)$ ist also die konjugiert komplexe Zahl zu $G(\mathrm{j}\,\omega)$. Da das Produkt von konjugiert komplexen Zahlen das Quadrat ihres Betrages ergibt, folgt daraus die Aussage

$$|G(\mathrm{j}\omega)| = \sqrt{G(\mathrm{j}\omega)\,G(-\mathrm{j}\omega)} \qquad\qquad (4.91)$$

Beispiel 4.104.

Man bestimme für das Übertragungsglied in Bild 4.73

a) die Übertragungsfunktion $G(s)$
b) die Impulsantwort $g(t)$ und
c) die Ortskurve des Frequenzgangs $\underline{F}$.

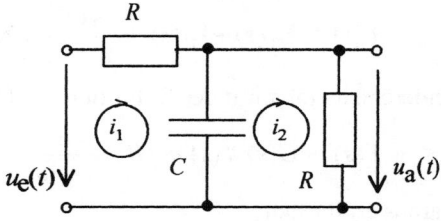

Bild 4.73 Übertragungsglied

1. Bestimmung von $G(s)$ durch Berechnung des Maschenbildstromes $I_2(s)$

Aus den Maschengleichungen

$$(1)\quad \left(R+\frac{1}{Cs}\right)I_1(s) \;-\; \frac{1}{Cs}I_2(s) \;=\; U_e(s)$$

$$(2)\quad -\frac{1}{Cs}I_1(s) \;+\; \left(R+\frac{1}{Cs}\right)I_2(s) \;=\; 0$$

folgt für den gesuchten Maschenstrom

$$I_2(s) = \frac{\begin{vmatrix} R+\dfrac{1}{Cs} & U_e(s) \\[2mm] -\dfrac{1}{Cs} & 0 \end{vmatrix}}{\begin{vmatrix} R+\dfrac{1}{Cs} & -\dfrac{1}{Cs} \\[2mm] -\dfrac{1}{Cs} & R+\dfrac{1}{Cs} \end{vmatrix}} = \frac{1}{R\left(RCs+2\right)}U_e(s)$$

$$\Rightarrow\quad U_a(s) = R\,I_2(s) = \frac{1}{RCs+2}U_e(s) \Rightarrow G(s) = \frac{U_a(s)}{U_e(s)} = \frac{1}{RCs+2}$$

2. Bestimmung von $G(s)$ durch das Bildwiderstandsverhältnis $G(s) = \dfrac{Z_a(s)}{Z(s)}$

$$G(s) = \frac{\left(\dfrac{R\dfrac{1}{Cs}}{R+\dfrac{1}{Cs}} \right)}{\left(R + \dfrac{R\dfrac{1}{Cs}}{R+\dfrac{1}{Cs}} \right)} = \frac{1}{RCs+2}$$

Impulsantwort: $G(s) = \dfrac{1}{RCs+2} = \dfrac{1}{RC}\dfrac{1}{s+\dfrac{2}{RC}} \quad\bullet\!\!-\!\!\circ\quad g(t) = \dfrac{1}{RC}\,e^{-\frac{2}{RC}t}$

Frequenzgang: $\underline{F} = G(j\omega) = \dfrac{1}{RC\,j\omega+2}$.

Die Ortskurve von $\dfrac{1}{G(j\omega)} = 2 + jRC\omega$ ist für $\omega \geq 0$ eine Halbgerade mit dem

konstantem Realteil $\mathrm{Re}\left(\dfrac{1}{G(j\omega)} \right) = 2$.

Durch Inversion dieser Halbgeraden (Bild 4.74 a) erhält man den durch den Ursprung verlaufenden Halbkreis (Bild 4.74 b).

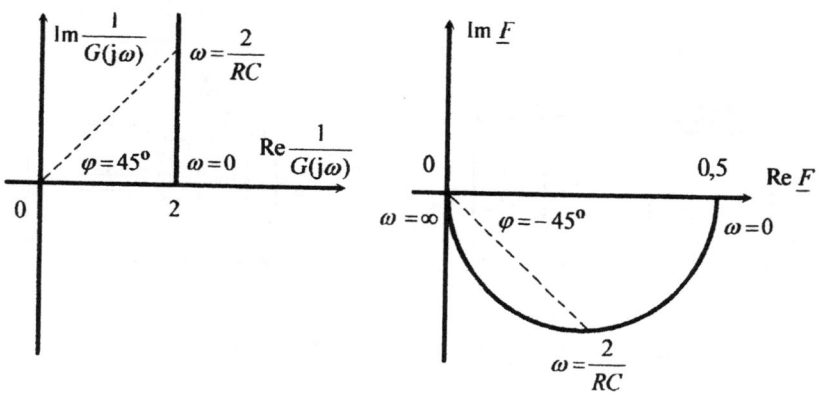

Bild 4.74 Ortskurve des Frequenzgangs $\underline{F}$

Übungsaufgaben zu Abschnitt 4.5   (Lösungen im Anhang):

Beispiel 4.105. Es soll die Sprungantwort $h(t)$ des in Bild 4.75 dargestellten Übertragungsgliedes berechnet werden.

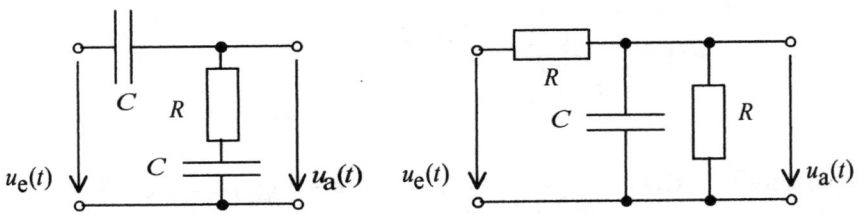

Bild 4.75 Übertragungsglied   Bild 4.76 Übertragungsglied

Beispiel 4.106.   Man berechne für das Übertragungsglied in Bild 4.76
a) die Übergangsfunktion $h(t)$
b) die Gewichtsfunktion $g(t)$.

Beispiel 4.107.
Man bestimme für die in Bild 4.77 a, b und c dargestellten Übertragungsglieder die Übertragungsfunktionen

$$G(s) = \frac{U_a(s)}{U_e(s)}.$$

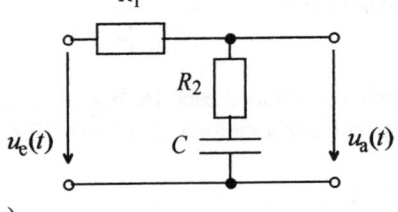

a)

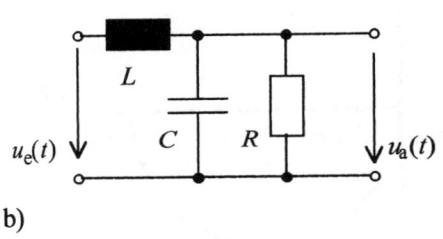

b)

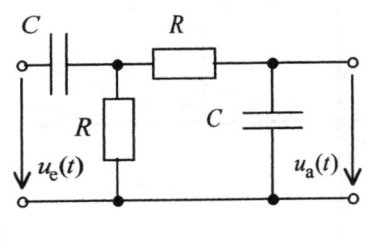

c)

Bild 4.77 a, b, c Übertragungsglieder zu Beispiel 4.107

Beispiel 4.108. Für das Übertragungsglied in Bild 4.78 mit den Maschenströmen $i_1(t)$ und $i_2(t)$ berechne man

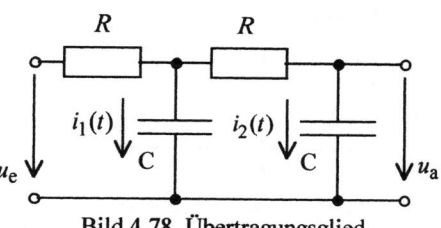

a) die Übertragungsfunktion $G(s)$
b) die Gewichtsfunktion $g(t)$.
c) die Übergangsfunktion $h(t)$

Bild 4.78 Übertragungsglied

Beispiel 4.109. Gegeben ist ein Netzwerk mit der Übertragungsfunktion

$$G(s) = \frac{1}{RCs + 3}$$

a) Man berechne die Impulsantwort $g(t)$ und die Übergangsfunktion $h(t)$.

b) Für die in Bild 4.83 dargestellte Eingangsspannung $u_e(t)$ soll die Ausgangsspannung $u_a(t)$ berechnet werden.

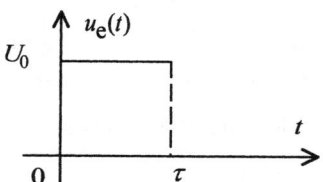

Bild 4.79 Eingangsspannung $u_e(t)$

Beispiel 4.110. Gegeben ist ein Serienschwingkreis nach Bild 4.80 a im aperiodischen Grenzfall.

Im aperiodischen Grenzfall gilt $\dfrac{R}{2L} = \dfrac{1}{\sqrt{LC}}$.

a) Man bestimme die Übertragungsfunktion

$$G_I(s) = \frac{I(s)}{U(s)}$$

des Serienschwingkreises von Bild 4.80 a.

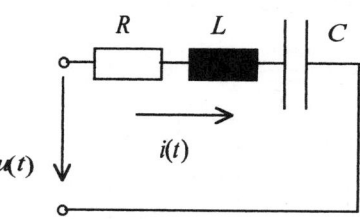

Bild 4.80 a Serienschwingkreis

b) Für die Spannungen $u(t)$ nach Bild 4.80 b und Bild 4.80 c sollen die Ströme $i(t)$ berechnet werden.

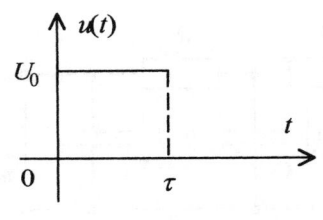

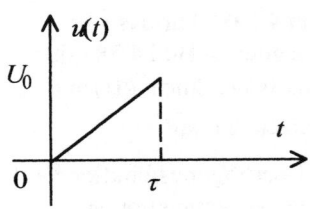

b)   c)

Bild 4.80 b, c Spannungen $u(t)$

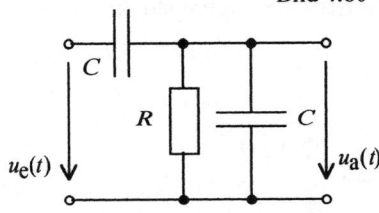

Bild 4.81 Übertragungsglied

Beispiel 4.111:
Für das Übertragungsglied in Bild 4.81
bestimme man
a)   die Übertragungsfunktion $G(s)$
b)   die Ausgangsspannung bei
$$u_e(t) = U_0 [\varepsilon(t) - \varepsilon(t-1)]$$
c)   die Impulsantwort $g(t)$

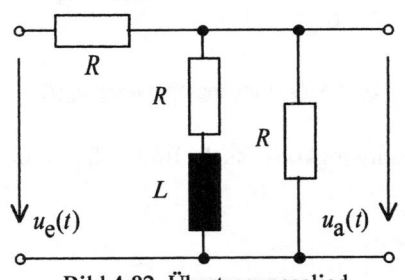

Bild 4.82 Übertragungsglied

Beispiel 4.112.
Für das Übertragungsglied in Bild 4.82
bestimme man
a)   die Übertragungsfunktion $G(s)$,
b)   die Impulsantwort $g(t)$ und
c)   die Sprungantwort $h(t)$.

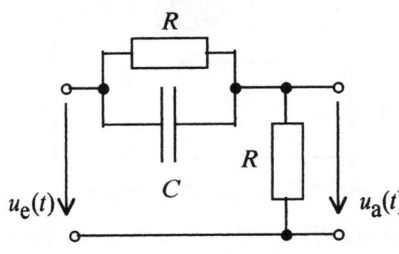

Bild 4.83 Übertragungsglied

Beispiel 4.113.
Für das Übertragungsglied in Bild 4.83
sollen die Übertragungsfunktion

$$G(s) = \frac{U_a(s)}{U_e(s)}$$

und die Ortskurve des Frequenzgangs
$\underline{F}$ bestimmt werden.

5 Anhang

5.1 Lösungen zu den Übungsaufgaben

Beispiel 1.4:

$b_k = 0$ (gerade Funktion), $a_0 = 0$ (Mittelwert),

$$a_k = \frac{2}{\pi k}\left[\sin\left(k\,\frac{\pi}{4}\right) + \sin\left(k\,\frac{3\pi}{4}\right)\right]. \quad \text{Für } k = 2n \;\Rightarrow\; a_k = 0$$

$$f(x) = \frac{2\sqrt{2}}{\pi}\left[\cos(x) + \frac{\cos(3x)}{3} - \frac{\cos(5x)}{5} - \frac{\cos(7x)}{7} + \frac{\cos(9x)}{9} + \frac{\cos(11x)}{11} - \cdots\right]$$

Beispiel 1.5: $\quad a_0 = 0{,}5; \quad a_k = 0; \quad b_k = -\frac{1}{\pi k}; \quad f(x) = 0{,}5 - \sum_{k=1}^{\infty}\frac{\sin(kx)}{\pi k}$

Beispiel 1.6: $\quad b_k = 0$ (gerade Zeitfunktion),

$$a_0 = \frac{A}{\pi}; \quad a_1 = \frac{A}{2}; \quad a_k = \begin{cases} 0 & k = 2n+1 \\[2mm] \dfrac{2A}{\pi}\dfrac{\sin\left[(1+k)\dfrac{\pi}{2}\right]}{1-k^2} & k = 2n \end{cases} \quad n \in \mathbf{N}$$

Beispiel 1.7:

$$a_0 = \frac{3}{8} = 0{,}375; \quad a_1 = -\frac{2}{\pi^2} = -0{,}20264; \quad a_2 = -\frac{1}{\pi^2} = -0{,}10132$$

$$b_1 = \frac{2}{\pi^2} + \frac{1}{\pi} = 0{,}52095; \quad b_2 = 0$$

Beispiel 1.8: $\quad c_k = \frac{1}{2\pi}\frac{1 - e^{-2\pi}}{1 + jk}; \quad a_0 = a_1 = b_1 = \frac{1}{2\pi}(1 - e^{-2\pi}) = 0{,}15886$

Beispiel 2.3: $\quad F(\omega) = \frac{2j}{\omega}\left[\cos\left(\frac{\omega T}{2}\right) - 1\right]$

Beispiel 2.4: $\quad F(\omega) = \frac{2a}{a^2 + \omega^2}; \quad \text{Im } F(\omega) = 0 \text{ gerade Zeitfunktion}$

Beispiel 2.5:

$$F(\omega) = \frac{4U}{\omega^2 T}\left[1 - \cos\left(\frac{\omega T}{2}\right)\right] \quad f(t) = \frac{4U}{\pi T}\int\limits_0^\infty \frac{1 - \cos\left(\dfrac{\omega T}{2}\right)}{\omega^2}\cos(\omega t)d\omega$$

Beispiel 2.6: $\quad f(t) = \dfrac{1}{\pi}\dfrac{\sin t - t\cos t}{t^2}$

Beispiel 4.6: a) $\displaystyle\oint \frac{dz}{z-2} = 2\pi j$ b) $\operatorname*{Res}\limits_{z=2}\left\{\dfrac{1}{z-2}\right\} = 1$

Beispiel 4.7: $\operatorname*{Res}\limits_{z=-1}\{f(z)\} = -\dfrac{1}{8}$ $\operatorname*{Res}\limits_{z=1}\{f(z)\} = \dfrac{1}{8}$

Beispiel 4.8:

a) $f(t) = -e^t + e^{2t}$ b) $f(t) = t\,e^{-t} + 2e^{-t}$

c) $f(t) = \dfrac{1}{2}(e^t - e^{-t}) = \sinh(t)$ d) $f(t) = (-4{,}5t^3 + 13{,}5t^2 - 9t + 1)e^{-3t}$

e) $f(t) = t - 2 + t\,e^{-t} - 2e^{-t}$ f) $f(t) = 2e^{-t} - 2\cos(t) + 3\sin(t)$

Beispiel 4.9: $\quad \dfrac{1}{s^n} \bullet\!\!-\!\!\circ \dfrac{t^{n-1}}{(n-1)!}$

Beispiel 4.10: $\quad \dfrac{1}{(s^2+1)^2} \bullet\!\!-\!\!\circ \dfrac{1}{2}\big[\sin(t) - t\cos(t)\big]$

Beispiel 4.11: $\quad \dfrac{s}{s^4-16} \bullet\!\!-\!\!\circ \dfrac{1}{8}\big[\cosh(2t) - \cos(2t)\big]$

Beispiel 4.15:

a) $F(s) = \dfrac{24}{s^5} - \dfrac{6}{s^3} + \dfrac{5}{s} = \dfrac{24 - 6s^2 + 5s^4}{s^5}$

b) $F(s) = \dfrac{3}{s+2} + \dfrac{5}{s+3} = \dfrac{8s+19}{(s+2)(s+3)}$

Beispiel 4.15: (Fortsetzung)

c) $F(s) = \dfrac{2-3s}{s^2+1}$

d) $F(s) = \dfrac{4}{s^3} - \dfrac{1}{s+0,5}$

e) $F(s) = \dfrac{a}{s^2-a^2}$

f) $F(s) = \dfrac{s}{s^2-a^2}$

Beispiel 4.16:

a) $f(t) = 1 - 3t + \dfrac{5}{6}t^3 - \dfrac{7}{24}t^4$

b) $f(t) = 6e^{-5t} - 8e^{2t}$

c) $f(t) = 0,5\,e^{2,5t} + 3t$

d) $f(t) = 5\cos(t) + 3\sin(t)$

e) $f(t) = 0,5\cos(1,5t) + 2,5\sin(1,5t)$

Beispiel 4.24:

a) $F(s) = \dfrac{2e^{-s}}{s^3}$

b) $F(s) = \dfrac{1-e^{-3s}}{s^2}$

c) $F(s) = \dfrac{1+e^{-\pi s}}{s^2+1}$

d) $F(s) = \dfrac{6e^{-s}}{(s+2)^4}$

e) $F(s) = \dfrac{1}{s^2}(1-e^{-s}) - \dfrac{1}{s}e^{-2s}$

f) $F(s) = \dfrac{1}{s}(1-2e^{-s}) - \dfrac{1}{s^2}(e^{-s} - e^{-2s})$

Beispiel 4.25: $F(s) = \dfrac{A}{s}\left(e^{-st_1} - e^{-st_2}\right)$

Beispiel 4.26: $F(s) = \dfrac{A}{s}\dfrac{(1-e^{-sT/2})^2}{1-e^{-sT}} = \dfrac{A}{s}\dfrac{1-e^{-\frac{sT}{2}}}{1+e^{-\frac{sT}{2}}}$

Beispiel 4.27: $f(t) = \dfrac{A}{2}t - \dfrac{A}{2}(t-2)\varepsilon(t-2) - A\,\varepsilon(t-2) + A\,e^{-(t-2)}\varepsilon(t-2)$

$$F(s) = \frac{A}{2s^2}(1 - e^{-2s}) - \frac{Ae^{-2s}}{s} + \frac{Ae^{-2s}}{s+1}$$

Beispiel 4.28:

a) $f(t) = \begin{cases} t-2 & t \geq 2 \\ 0 & t < 2 \end{cases}$

b) $f(t) = \begin{cases} \frac{1}{6}(t-5)^3 & t \geq 5 \\ 0 & t < 5 \end{cases}$

c) $f(t) = \begin{cases} \cos\left[5\left(t - \frac{\pi}{2}\right)\right] & t \geq \frac{\pi}{2} \\ 0 & t < \frac{\pi}{2} \end{cases}$

d) $f(t) = \begin{cases} 0,5\,t^2 & t \leq 2 \\ 2(t-1) & t > 2 \end{cases}$

e) $f(t) = (1 - e^{-2t}) - (1 - e^{-2(t-1)})\varepsilon(t-1) = \begin{cases} 1 - e^{-2t} & 0 \leq t \leq 1 \\ e^{-2(t-1)} - e^{-2t} & t > 1 \end{cases}$

f) $f(t) = (t-1)^3 e^{-2(t-1)}\varepsilon(t-1) = \begin{cases} 0 & t < 1 \\ (t-1)^3 e^{-2(t-1)} & t \leq 1 \end{cases}$

g) $f(t) = \begin{cases} 1 & 0 \leq t \leq 1 \\ -e^{-2(t-1)} & t > 1 \end{cases}$

h) $f(t) = \begin{cases} t & 0 \leq t < 1 \\ 1 & 1 < t \leq 2 \\ e^{-2(t-2)} & t > 2 \end{cases}$

Beispiel 4.33:

a) $F(s) = \dfrac{2}{(s+5)^3}$

b) $F(s) = \dfrac{24}{(s-3)^5}$

c) $F(s) = \dfrac{s+\delta}{(s+\delta)^2 + \omega^2}$

d) $F(s) = \dfrac{s+2}{(s+2)^2 + 1} = \dfrac{s+2}{s^2 + 4s + 3}$

e) $F(s) = \dfrac{1}{s} + \dfrac{2}{(s+1)^2} + \dfrac{2}{(s+2)^3}$

f) $F(s) = \dfrac{e^{-s}}{s^2 + 4s + 5}$

Beispiel 4.34:

a) $f(t) = t\,e^{-t}$

b) $f(t) = \dfrac{1}{2}e^{-2t}\sin(2t)$

c) $f(t) = e^{-t}\cosh(2t)$

d) $f(t) = \dfrac{1}{2}t^2 e^{-at}$

e) $f(t) = \begin{cases} \dfrac{(t-2)^2}{2}e^{-(t-2)} & t \geq 2 \\ 0 & t < 2 \end{cases}$

f) $f(t) = \begin{cases} \dfrac{1}{2}e^{-(t-3)}\sin[2(t-3)] & t \geq 3 \\ 0 & t < 3 \end{cases}$

g) $f(t) = \begin{cases} t\,e^{-2t} & t \leq 3 \\ t\,e^{-2t} - (t-3)e^{-2(t-3)} & t > 3 \end{cases}$

h) $f(t) = 2\sqrt{t}\,e^{-3t}$

Beispiel 4.41:

a) $f(t) = 2e^{-2t} - e^{-3t}$

b) $f(t) = 0{,}05\,e^{2t} - 0{,}25e^{-2t} + 0{,}2\,e^{-3t}$

c) $f(t) = (-4{,}5\,t^3 + 13{,}5\,t^2 - 9t + 1)\,e^{-3t}$

d) $f(t) = -7t\,e^{-t} + 8e^{-t} + 3e^t - e^{-2t}$

e) $f(t) = t - 2 + t\,e^{-t} + 2e^{-t}$

f) $f(t) = (t - 0{,}6)e^{-t} + [0{,}6\cos(t) + 0{,}8\sin(t)]e^{-4t}$

g) $f(t) = 2e^{-t} - 2\cos(t) + 3\sin(t)$

h) $f(t) = 5e^{-t} + 2\cos(\sqrt{3}\,t) - \sqrt{3}\sin(\sqrt{3}\,t)$

i) $f(t) = t^2 e^{-2t}$

Zähler konstant, keine Partialbruchzerlegung

k) $F(s) = 1 + \dfrac{1}{s+1}$ $\bullet\!-\!\circ$ $f(t) = \delta(t) + e^{-t}$

$F(s)$ unecht gebrochen rational

Beispiel 4.41:
(Fortsetzung)

l) $f(t) = \begin{cases} -t & t \le 1 \\ 1 - 2\,e^{-(t-1)} & t > 1 \end{cases}$

m) $f(t) = \left[\dfrac{1}{2}t^2 + 2t + 4\right]e^{-t}$

Beispiel 4.44: $f(t) = \cos(t) * \cos(t) = \dfrac{1}{2}\left[\sin(t) + t\cos(t)\right]$

Beispiel 4.45:

a) $F(s) = \dfrac{A_1}{s - s_1} + \dfrac{A_2}{s - s_2}$ •—○ $f(t) = \dfrac{e^{s_1 t} - e^{s_2 t}}{s_1 - s_2}$

b) $f(t) = e^{s_1 t} * e^{s_2 t} = \dfrac{e^{s_1 t} - e^{s_2 t}}{s_1 - s_2}$

c) $f(t) = \operatorname*{Res}_{s=s_1}\left\{\dfrac{e^{st}}{(s - s_1)(s - s_2)}\right\} + \operatorname*{Res}_{s=s_2}\left\{\dfrac{e^{st}}{(s - s_1)(s - s_2)}\right\} = \dfrac{e^{s_1 t} - e^{s_2 t}}{s_1 - s_2}$

Beispiel 4.46: $f(t) = \dfrac{1}{2}t\sin(t) * \sin(t) = \dfrac{t}{8}\left[\sin(t) - t\cos(t)\right]$

Beispiel 4.50:

a) $f(t) = t - \dfrac{t^5}{5!} + \dfrac{t^9}{9!} - \dfrac{t^{13}}{13!} + \dfrac{t^{17}}{17!} - \dfrac{t^{21}}{21!} + - \cdots = \sum_{k=0}^{\infty}(-1)^k \dfrac{t^{4k+1}}{(4k+1)!}$

b) $f(t) = \dfrac{t^2}{2!} - \dfrac{t^5}{5!} + \dfrac{t^8}{8!} - \dfrac{t^{11}}{11!} + \dfrac{t^{14}}{14!} - \dfrac{t^{17}}{17!} + - \cdots = \sum_{k=0}^{\infty}(-1)^k \dfrac{t^{3k+2}}{(3k+2)!}$

c) $f(t) = 1 - t + \dfrac{t^2}{(2!)^2} - \dfrac{t^3}{(3!)^2} + \dfrac{t^4}{(4!)^2} - + \cdots = \sum_{k=0}^{\infty}(-1)^k \dfrac{t^k}{(k!)^2}$

d) $f(t) = 1 - \dfrac{t^2}{(2!)^2} + \dfrac{t^4}{(4!)^2} - \dfrac{t^6}{(6!)^2} + - \cdots = \sum_{k=0}^{\infty}(-1)^k \dfrac{t^{2k}}{(2k!)^2}$

Beispiel 4.54:

$$\frac{1}{s(s+a)} \quad \bullet\!-\!\circ \quad \frac{1}{a}(1-e^{-at})$$

$$\frac{1}{s^2(s+a)} \quad \bullet\!-\!\circ \quad \frac{1}{a^2}(e^{-at}+at-1)$$

Beispiel 4.55:

a) $F(s) = \dfrac{1}{s}\arctan\left(\dfrac{1}{s}\right)$ b) $F(s) = \dfrac{2s+8}{s(s+3)^3}$

Beispiel 4.56:

a) $F(s) = \dfrac{U_0}{\tau s^2}(1-e^{-s\tau})$

b) $F(s) = \dfrac{1}{s^2}(1-e^{-s\tau}-e^{-s2\tau}+e^{-s3\tau})$

Beispiel 4.63:

a) $\lim\limits_{t\to 0} f(t) = 0$ $\lim\limits_{t\to\infty} f(t) = 0$

b) $\lim\limits_{t\to 0} f(t) = 0$ Endwertsatz nicht anwendbar

c) $\lim\limits_{t\to 0} f(t) = 2$ $\lim\limits_{t\to\infty} f(t) = 1$

d) $\lim\limits_{t\to 0} f(t) = 0$ $\lim\limits_{t\to\infty} f(t) = \dfrac{\pi}{2}$

e) $\lim\limits_{t\to 0} f(t) = 0$ $\lim\limits_{t\to\infty} f(t) = 1$

f) $\lim\limits_{t\to 0} f(t) = \infty$ $\lim\limits_{t\to\infty} f(t) = 0$

Beispiel 4.68:

a) $F(s) = \dfrac{2s}{(s^2-1)^2}$ b) $F(s) = \dfrac{6s^2-2}{(s^2+1)^3}$

c) $F(s) = \dfrac{6s^4-36s^2+6}{(s^2+1)^4}$ d) $F(s) = \dfrac{s^2+12s-4}{(s^2+4)^2}$

Beispiel 4.69: $f(t) = \dfrac{e^{-t}}{t}$

Beispiel 4.73:

a) $F(s) = \ln\sqrt{\dfrac{s+1}{s-1}}$ b) $F(s) = \ln\left(\dfrac{s+1}{s}\right)$ c) $F(s) = \ln\sqrt{\dfrac{s^2+a_2^2}{s^2+a_1^2}}$

Beispiel 4.74:   a) $\ln 0{,}25 = -1{,}38629...$ b) $\ln 3 = 1{,}09861...$

Beispiel 4.77:   a) $f(t) = \dfrac{1}{2}t - \dfrac{3}{4} + e^{-t} - \dfrac{1}{4}e^{-2t}$

b) $f(t) = 15\,t\,e^{-t} + 4\,e^{-t} - 4\cos(2t) - 3\sin(2t)$

c) $f(t) = t\,e^{-3t} + 3e^{-3t} - 2\,e^{-2t} + e^{3t}$

d) $f(t) = 2\,e^{-t} + e^{0,5t}\left[\dfrac{11\sqrt{3}}{3}\sin\left(\dfrac{\sqrt{3}}{2}t\right) - \cos\left(\dfrac{\sqrt{3}}{2}t\right)\right]$

e) $f(t) = \begin{cases} \dfrac{1}{4} - \left(\dfrac{t}{2} + \dfrac{1}{4}\right)e^{-2t} & 0 \le t \le 2 \\[2mm] -\left(\dfrac{t}{2} + \dfrac{1}{4}\right)e^{-2t} - \left(\dfrac{t-2}{2} + \dfrac{1}{4}\right)e^{-2(t-2)} & t > 2 \end{cases}$

Beispiel 4.78: $f(t) = 2e^{-5t} + e^{-t}\left[A\cos(\sqrt{3}t) + B\sin(\sqrt{3}t)\right]$

Beispiel 4.79:

a) $u_a(t) = \begin{cases} U_0\left[1 - e^{-\frac{1}{RC}t}\right] & 0 \le t \le \tau \\[3mm] U_0\left[-e^{-\frac{1}{RC}t} + e^{-\frac{1}{RC}(t-\tau)}\right] & t > \tau \end{cases}$

b) $u_a(t) = kt - kRC\left(1 - e^{-\frac{t}{RC}}\right)$

Beispiel 4.83: $x(t) = 8t + 2 - 2\cos(t) - 3\sin(t);$ $y(t) = -4t + 1 + 2\sin(t)$

Beispiel 4.84: $x(t) = \dfrac{1}{3} + \dfrac{2}{3}\cosh(3t) = \dfrac{1}{3}(1 + e^{3t} + e^{-3t})$

$\qquad\qquad\quad y(t) = 6\cosh(3t) = 3(e^{3t} + e^{-3t})$

Beispiel 4.85: $x(t) = 5e^{-t} + 3e^{4t}, \quad y(t) = 5e^{-t} - 2e^{4t}$

Beispiel 4.86:

$$i_C(t) = \frac{U_0}{R} e^{-\delta t}\left[\cos(\omega t) - \frac{\delta}{\omega}\sin(\omega t)\right]$$

$$\delta = \frac{1}{2RC}, \quad \omega_0^2 = \frac{1}{LC}, \quad \omega = \sqrt{\omega_0^2 - \delta^2}$$

Beispiel 4.92: $i(t) = \dfrac{U_0}{R}\left[1 - \dfrac{1}{2}e^{-\frac{R}{2L}t}\right]$

Beispiel 4.93: $u_R(t) = kRC\left(1 - e^{-\frac{t}{RC}}\right)$

Beispiel 4.94:

$$i_2(t) = \begin{cases} \dfrac{0{,}447\,U_0}{R}\left[e^{-\frac{0{,}382}{RC}t} - e^{-\frac{2{,}618}{RC}t}\right] & 0 \le t \le \tau \\[4mm] \dfrac{0{,}447\,U_0}{R}\left[e^{-\frac{0{,}382}{RC}t} - e^{-\frac{2{,}618}{RC}t} - e^{-\frac{0{,}382}{RC}(t-\tau)} - e^{-\frac{2{,}618}{RC}(t-\tau)}\right] & t > \tau \end{cases}$$

Beispiel 4.95:   Es sei $\omega_0^2 = \dfrac{1}{LC}$ und $\delta = \dfrac{R}{2L}$.

a) aperiodischer Fall: $i(t) = \dfrac{U_0}{L}\dfrac{e^{-\delta t}}{\sqrt{\delta^2 - \omega_0^2}}\sinh\left(\sqrt{\delta^2 - \omega_0^2}\,t\right)$

b) aperiodischer Grenzfall: $i(t) = \dfrac{U_0}{L} t\, e^{-\delta t}$

c) periodischer Fall: $i(t) = \dfrac{U_0}{L}\dfrac{e^{-\delta t}}{\sqrt{\omega_0^2 - \delta^2}}\sin\left(\sqrt{\omega_0^2 - \delta^2}\,t\right)$

Beispiel 4.96:

$$a) \quad i(t) = \begin{cases} \dfrac{U_0 C}{4\tau}\left[\dfrac{2t}{RC} + 1 - e^{-\frac{2t}{RC}}\right] & 0 \le t \le \tau \\[4mm] \dfrac{U_0 C}{4\tau}\left[\dfrac{2\tau}{RC} - e^{-\frac{2t}{RC}} + e^{-\frac{2(t-\tau)}{RC}}\right] & t > \tau \end{cases}$$

$$\lim_{t \to \infty} i(t) = \frac{U_0}{2R}$$

$$b) \quad i(t)) = \begin{cases} \dfrac{U_0 C}{4\tau}\left[\dfrac{2t}{RC} + 1 - e^{-\frac{2t}{RC}}\right] & 0 \le t \le \tau \\[4mm] \dfrac{U_0 C}{4\tau}\left[-e^{-\frac{2t}{RC}} + e^{-\frac{2(t-\tau)}{RC}}\right] - \dfrac{U_0}{2R} e^{-\frac{2(t-\tau)}{RC}} & t > \tau \end{cases}$$

$$\lim_{t \to \infty} i(t) = 0$$

Beispiel 4.97:

$$a) \quad i(t) = \frac{U_0}{R} e^{-\frac{2}{RC}t} \qquad u_a(t) = \frac{U_0}{2}\left(1 + e^{-\frac{2}{RC}t}\right)$$

$$b) \quad I_2(s) = \frac{Ls + 2R}{2RLs + 5R^2} U_e(s) \;\Rightarrow\; U_a(s) = R I_2(s) = \frac{U_e(s)}{2} \frac{s + \dfrac{2R}{L}}{s + \dfrac{5R}{2L}}$$

$$1) \quad U_e(s) = 1 \Rightarrow U_a(s) = \frac{1}{2}\left[1 - \frac{R}{2L} \frac{1}{s + \dfrac{5R}{2L}}\right] \quad \text{(Polynomdivision)}$$

$$\Rightarrow u_a(t) = \frac{1}{2}\delta(t) - \frac{R}{4L} e^{-\frac{5R}{2L}t}$$

Beispiel 4.97b: (Fortsetzung)

2) $U_e(s) = \dfrac{U_0}{s} \Rightarrow U_a(s) = U_0 \left[\dfrac{0{,}4}{s} + \dfrac{0{,}1}{s + \dfrac{5R}{2L}} \right]$ (Partialbruchzerlegung)

$$\Rightarrow u_a(t) = U_0 \left[0{,}4 + 0{,}1\,e^{-\frac{5R}{2L}t} \right]$$

Beispiel 4.105: $h(t) = \dfrac{1}{2}\left(1 + e^{-\frac{2t}{RC}} \right)$

Beispiel 4.106: a) $h(t) = \dfrac{1}{2}\left(1 - e^{-\frac{2t}{RC}} \right)$ b) $g(t) = \dfrac{e^{-\frac{2t}{RC}}}{RC}$

Beispiel 4.107:

a) $G(s) = \dfrac{R_2 Cs + 1}{(R_1 + R_2)Cs + 1}$

b) $G(s) = \dfrac{1}{LCs^2 + \dfrac{R}{L}s + 1} = \dfrac{1}{LC\left(s^2 + \dfrac{1}{RC}s + \dfrac{1}{LC} \right)}$

c) $G(s) = \dfrac{RCs}{R^2 C^2 s^2 + 3RCs + 1}$

Beispiel 4.108: a) $G(s) = \dfrac{1}{R^2 C^2 s^2 + 3RCs + 1}$

b) $g(t) = \dfrac{0{,}447}{RC}\left[e^{-\frac{0{,}382}{RC}t} - e^{-\frac{2{,}618}{RC}t} \right]$

c) $h(t) = 1 - 1{,}171\,e^{-\frac{0{,}382}{RC}t} + 0{,}171\,e^{-\frac{2{,}618}{RC}t}$

Beispiel 4.109:

$$\text{a)}\quad g(t) = \frac{1}{RC}\,\mathrm{e}^{-\frac{3t}{RC}}; \qquad h(t) = \frac{1}{3}\left[1 - \mathrm{e}^{-\frac{3t}{RC}}\right]$$

$$\text{b)}\quad u_\mathrm{a}(t) = \begin{cases} \dfrac{U_0}{3}\left[1 - \mathrm{e}^{-\frac{3t}{RC}}\right] & t \le \tau \\[4mm] \dfrac{U_0}{3}\left[-\mathrm{e}^{-\frac{3t}{RC}} + \mathrm{e}^{-\frac{3(t-\tau)}{RC}}\right] & t > \tau \end{cases}$$

Beispiel 4.110:

a) $\quad G_\mathrm{I}(s) = \dfrac{1}{L}\dfrac{s}{(s+\delta)^2}\quad$ mit $\delta = \dfrac{R}{2L}$

$$\text{b)}\quad i(t) = \begin{cases} \dfrac{U_0}{L}(t\,\mathrm{e}^{-\delta t}) & \text{für } t \le \tau \\[4mm] \dfrac{U_0}{L}\left[t\,\mathrm{e}^{-\delta t} - (t-\tau)\mathrm{e}^{-\delta(t-\tau)}\right] & \text{für } t > \tau \end{cases}$$

$$\text{c)}\quad i(t) = \begin{cases} \dfrac{U_o}{L\tau}\left[\dfrac{1}{\delta^2} - \dfrac{\mathrm{e}^{-\delta t}}{\delta^2} - \dfrac{1}{\delta}t\,\mathrm{e}^{-\delta t}\right] & \text{für } t \le \tau \\[4mm] \dfrac{U_0}{L\tau}\left[-\dfrac{\mathrm{e}^{-\delta t}}{\delta^2} - \dfrac{1}{\delta}t\,\mathrm{e}^{-\delta t} + \dfrac{\mathrm{e}^{-\delta(t-\tau)}}{\delta^2} + \dfrac{t-\tau}{\delta}\mathrm{e}^{-\delta(t-\tau)}\right] - \\[4mm] \qquad\qquad - \dfrac{U_o}{L}(t-\tau)\mathrm{e}^{-\delta(t-\tau)} & \text{für } t > \tau \end{cases}$$

Beispiel 4.111:

$$\text{a)}\qquad G(s) = \frac{U_\mathrm{a}(s)}{U_\mathrm{e}(s)} = \frac{RCs}{2RCs+1} = \frac{s}{2\left[s+\dfrac{1}{2RC}\right]}$$

$$\text{b)}\qquad u_\mathrm{a}(t) = \frac{U_0}{2}\left[\mathrm{e}^{-\frac{1}{2RC}t} - \mathrm{e}^{-\frac{1}{2RC}(t-1)}\,\varepsilon(t-1)\right]$$

Beispiel 4.111: (Fortsetzung)

c) $\qquad g(t) = \dfrac{1}{2}\delta(t) - \dfrac{1}{4RC}e^{-\frac{1}{2RC}t}$

Beispiel 4.112:

a) $\qquad G(s) = \dfrac{Ls+R}{2Ls+3R} = \dfrac{s+\dfrac{R}{L}}{2\left(s+1,5\dfrac{R}{L}\right)}$

b) $\qquad g(t) = 0,5\,\delta(t) - 0,25\dfrac{R}{L}e^{-1,5\frac{R}{L}t}$

c) $\qquad h(t) = \dfrac{1}{3} + \dfrac{1}{6}e^{-\frac{3R}{2L}t} \qquad u_a(0) = \dfrac{1}{2}; \quad u_a(\infty) = \dfrac{1}{3}$

Beispiel 4.113:

a) $\quad G(s) = \dfrac{s+\dfrac{1}{RC}}{s+\dfrac{2}{RC}}$

b) $\quad \underline{F} = \dfrac{j\omega RC + 1}{j\omega RC + 2}$

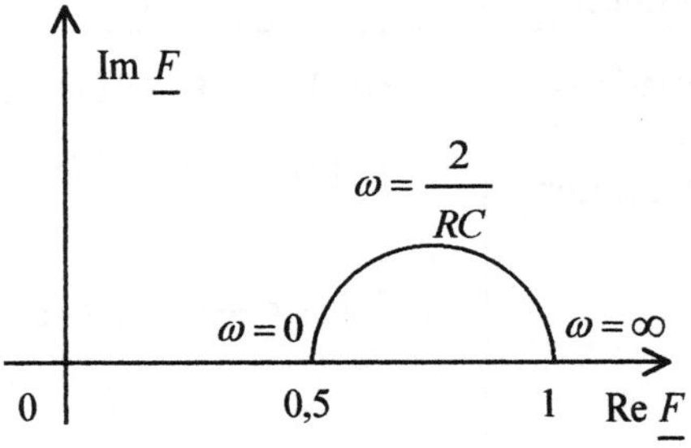

Bild 4.84 Ortskurve des Frequenzgangs

5.2 Sätze für die Laplace-Transformation

Bei den folgenden Sätzen ist die Gültigkeit der Korrespondenzen

$$f(t) \circ\!\!-\!\!\bullet F(s) \quad \text{bzw.} \quad f_i(t) \circ\!\!-\!\!\bullet F_i(s)$$

vorausgesetzt.

Additionssatz:	$\displaystyle\sum_{i=1}^{n} a_i f_i(t) \circ\!\!-\!\!\bullet \sum_{i=1}^{n} a_i F_i(s)$
Verschiebungssatz:	$f(t-t_0)\varepsilon(t-t_0) \circ\!\!-\!\!\bullet F(s)\mathrm{e}^{-st_0}$
Dämpfungssatz:	$f(t)\mathrm{e}^{-at} \circ\!\!-\!\!\bullet F(s+a)$
Faltungssatz:	$\displaystyle f_1(t)*f_2(t) = \int_0^t f_1(\tau)f_2(t-\tau)d\tau \circ\!\!-\!\!\bullet F_1(s)F_2(s)$
Integrationssatz für die Originalfunktion:	$\displaystyle \int_0^t f(\tau)d\tau \circ\!\!-\!\!\bullet \frac{1}{s}F(s)$
Differentiationssatz für die Originalfunktion:	$f'(t) \circ\!\!-\!\!\bullet sF(s)-f(+0)$ $f''(t) \circ\!\!-\!\!\bullet s^2 F(s)-sf(+0)-f'(+0)$ $\vdots$ $f^{(n)}(t) \circ\!\!-\!\!\bullet s^n F(s) - s^{n-1}f(+0) - s^{n-2}f'(+0) - \cdots$ $\qquad\qquad\qquad - f^{(n-1)}(+0)$
Differentiationssatz für die Bildfunktion	$\displaystyle \frac{d^n F(s)}{ds^n} = (-1)^n L\left\{t^n f(t)\right\}$
Integrationsssatz Für die Bild – funktion	$\displaystyle \int_s^\infty F(s)ds = L\left\{\frac{f(t)}{t}\right\}$

5.3 Korrespondenzen der Laplace-Transformation

A) Einige Bildfunktionen $F(s)$ und ihre zugehörigen Zeitfunktionen $f(t)$

Nr.	$F(s)$	$f(t)$
1	1	$\delta(t)$
2	$\dfrac{1}{s}$	$\varepsilon(t)$
3	$\dfrac{1}{s^n}$ $(n = 1, 2, 3, 4, \cdots)$	$\dfrac{t^{n-1}}{(n-1)!}$
4	$\dfrac{1}{s^n}$ $(n > -1, \text{reell})$	$\dfrac{t^{n-1}}{\Gamma(n)}$
5	$\dfrac{1}{\sqrt{s}}$	$\dfrac{1}{\sqrt{\pi t}}$
6	$\dfrac{1}{s\sqrt{s}}$	$2\sqrt{\dfrac{\pi}{t}}$
7	$\dfrac{1}{s^n\sqrt{s}}$	$\dfrac{4^n n!}{(2n)!\sqrt{\pi}} t^{\frac{n-1}{2}}$
8	$\dfrac{1}{s+a}$	e^{-at}
9	$\dfrac{\omega}{s^2 + \omega^2}$	$\sin(\omega t)$
10	$\dfrac{s}{s^2 + \omega^2}$	$\cos(\omega t)$
11	$\dfrac{as+b}{s^2 + \omega^2}$	$a\cos(\omega t) + \dfrac{b}{\omega}\sin(\omega t)$
12	$\dfrac{\omega}{s^2 - \omega^2}$	$\sinh(\omega t)$

Nr.	$F(s)$	$f(t)$
13	$\dfrac{s}{s^2 - \omega^2}$	$\cosh(\omega t)$
14	$\dfrac{1}{s(s+a)}$	$\dfrac{1}{a}\left(1 - e^{-at}\right)$
15	$\dfrac{1}{(s-s_1)(s-s_2)}$	$\dfrac{e^{s_1 t} - e^{s_2 t}}{s_1 - s_2}$
16	$\dfrac{s}{(s-s_1)(s-s_2)}$	$\dfrac{s_1 e^{s_1 t} - s_2 e^{s_2 t}}{s_1 - s_2}$
17	$\dfrac{1}{s^2 + 2\delta s + \omega_0^2}$ $\omega_o^2 - \delta^2 > 0$	$\dfrac{1}{\omega_e} e^{-\delta t} \sin(\omega_e t)$ $\omega_e = \sqrt{\omega_0^2 - \delta^2}$
18	$\dfrac{1}{s^2 + 2\delta s + \omega_0^2}$ $\omega_0^2 - \delta^2 < 0$	$\dfrac{1}{\omega_e} e^{-\delta t} \sinh(\omega_e t)$ $\omega_e = \sqrt{\delta^2 - \omega_0^2}$
19	$\dfrac{1}{(s+a)^2}$	$t e^{-at}$
20	$\dfrac{s}{(s+a)^2}$	$(1 - at) e^{-at}$
21	$\dfrac{1}{s(s^2 + 2\delta s + \omega_0^2)}$ $\omega_0^2 - \delta^2 > 0$	$\dfrac{1}{\omega_0^2}\left[1 - \dfrac{e^{-\delta t}}{\omega}\{\delta \sin(\omega t) + \omega \cos(\omega t)\}\right]$ $\omega = \sqrt{\omega_0^2 - \delta^2}$

Nr.	$F(s)$	$f(t)$
22	$\dfrac{1}{s(s^2+2\delta s+\omega_0^2)}$ $\omega_0^2-\delta^2<0$	$\dfrac{1}{\omega_0^2}\left[1-\dfrac{e^{-\delta t}}{\omega}\left\{\delta\sinh(\omega t)+\omega\cosh(\omega t)\right\}\right]$ $\omega=\sqrt{\delta^2-\omega_0^2}$
23	$\dfrac{1}{(s-a)(s-b)(s-c)}$	$\dfrac{e^{at}}{(a-b)(a-c)}+\dfrac{e^{bt}}{(b-a)(b-c)}+$ $+\dfrac{e^{ct}}{(c-a)(c-b)}$
24	$\dfrac{s}{(s-a)(s-b)(s-c)}$	$\dfrac{ae^{at}}{(a-b)(a-c)}+\dfrac{be^{bt}}{(b-a)(b-c)}+$ $+\dfrac{ce^{ct}}{(c-a)(c-b)}$
25	$\dfrac{s^2}{(s-a)(s-b)(s-c)}$	$\dfrac{a^2e^{at}}{(a-b)(a-c)}+\dfrac{b^2e^{bt}}{(b-a)(b-c)}+$ $+\dfrac{c^2e^{ct}}{(c-a)(c-b)}$
26	$\dfrac{1}{s(s^2+\omega^2)}$	$\dfrac{1}{\omega^2}\left[1-\cos(\omega t)\right]$
27	$\dfrac{1}{s(s^2-\omega^2)}$	$\dfrac{1}{\omega^2}\left[\cosh(\omega t)-1\right]$
28	$\dfrac{2\omega^2}{s(s^2+4\omega^2)}$	$\sin^2(\omega t)$
29	$\dfrac{s^2+2\omega^2}{s(s^2+4\omega^2)}$	$\cos^2(\omega t)$
30	$\dfrac{\omega^3}{(s^2+\omega^2)^2}$	$\dfrac{1}{2}\left[\sin(\omega t)-\omega t\cos(\omega t)\right]$

Nr.	$F(s)$	$f(t)$
31	$\dfrac{\omega^3}{(s^2-\omega^2)^2}$	$\dfrac{1}{2}\left[\omega\,t\cos(\omega t)-\sinh(\omega t)\right]$
32	$\dfrac{\omega s}{(s^2+\omega^2)^2}$	$\dfrac{1}{2}t\sin(\omega t)$
33	$\dfrac{\omega s}{(s^2-\omega^2)^2}$	$\dfrac{1}{2}t\sinh(\omega t)$
34	$\dfrac{\omega s^2}{(s^2+\omega^2)^2}$	$\dfrac{1}{2}\left[\sin(\omega t)+\omega\,t\cos(\omega t)\right]$
35	$\dfrac{\omega s^2}{(s^2-\omega^2)^2}$	$\dfrac{1}{2}\left[\sinh(\omega t)+\omega t\cosh(\omega t)\right]$
36	$\dfrac{s^3}{(s^2+\omega^2)^2}$	$\cos(\omega t)-\dfrac{\omega t}{2}\sin(\omega t)$
37	$\dfrac{s^3}{(s^2-\omega^2)^2}$	$\cosh(\omega t)-\dfrac{\omega t}{2}\sinh(\omega t)$
38	$\dfrac{s^2+\omega^2}{(s^2-\omega^2)^2}$	$t\cosh(\omega t)$
39	$\arctan\left(\dfrac{\omega}{s}\right)$	$\dfrac{\sin(\omega t)}{t}$
40	$\ln\left(\sqrt{\dfrac{s+\omega}{s-\omega}}\right)$	$\dfrac{\sinh(\omega t)}{t}$
41	$\ln\left(\dfrac{s+a_1}{s+a_2}\right)$	$\dfrac{e^{-a_2 t}-e^{-a_1 t}}{t}$
42	$\ln\left(\sqrt{\dfrac{s^2+\omega_2^2}{s^2+\omega_1^2}}\right)$	$\dfrac{\cos(\omega_1 t)-\cos(\omega_2 t)}{t}$

B)   Einige Einzelimpulse, bzw. periodische Zeitfunktionen und ihre Laplace-Transformierten

Nr.	$f(t)$	$F(s)$
1		$\dfrac{A}{s}\left[1 - e^{-st_0}\right]$
2		$\dfrac{A}{s}\left[e^{-st_1} - e^{-st_2}\right]$
3		$\dfrac{A}{s}\left[1 - e^{-\frac{st_0}{2}}\right]^2$
4		$\dfrac{A}{s}\left[e^{-\frac{st_1}{2}} - e^{-\frac{st_2}{2}}\right]^2$
5		$\dfrac{2A}{t_0}\dfrac{1}{s^2}\left[1 - e^{-\frac{st_0}{2}}\right]^2$

Nr.	$f(t)$	$F(s)$
6		$\dfrac{2A}{t_2-t_1}\dfrac{1}{s^2}\left[e^{-\frac{st_1}{2}}-e^{-\frac{st_2}{2}}\right]^2$
7		$\dfrac{A}{t_0}\dfrac{1}{s^2}\left[1-e^{-st_0}\right]-\dfrac{A}{s}e^{-st_0}$
8		$\dfrac{A}{t_2-t_1}\dfrac{1}{s^2}\left[e^{-st_1}-e^{-st_2}\right]-$ $-\dfrac{A}{s}e^{-st_2}$
9	Periodische Funktion	$\dfrac{A}{s}\dfrac{1}{1+e^{-\frac{sT}{2}}}$
10	Periodische Funktion	$\dfrac{A}{s}\dfrac{1-e^{-\frac{sT}{2}}}{1+e^{-\frac{sT}{2}}}$

Nr.	$f(t)$	$F(s)$
11	Einmalige Sinushalbwelle	$$\frac{A\omega}{s^2+\omega^2}\left[1+\mathrm{e}^{-\frac{sT}{2}}\right]$$
12	„Einweggleichrichtung"	$$\frac{A\omega}{s^2+\omega^2}\frac{1}{1-\mathrm{e}^{-\frac{sT}{2}}}$$
13	"Doppelweggleichrichtung"	$$\frac{A\omega}{s^2+\omega^2}\frac{1+\mathrm{e}^{-\frac{sT}{2}}}{1-\mathrm{e}^{-\frac{sT}{2}}}$$
14		$$\frac{2A}{T}\frac{1}{s^2}\frac{1-\mathrm{e}^{-\frac{sT}{2}}}{1+\mathrm{e}^{-\frac{sT}{2}}}$$
15	„Sägezahnkurve"	$$\frac{A}{Ts^2}\frac{1-\left[1+sT\right]\mathrm{e}^{-sT}}{1-\mathrm{e}^{-sT}}$$

Nr.	$f(t)$	$F(s)$
16		$\dfrac{2A\lambda}{Ts^2}\dfrac{\left[1-e^{-\frac{sT}{2\lambda}}\right]^2}{1-e^{-sT}}$
17		$\dfrac{A}{Ts^2}\dfrac{\lambda-[\lambda+sT]e^{-\frac{sT}{\lambda}}}{1-e^{-sT}}$

5.4 Literatur

[1]   Ameling, W.: Laplace-Transformation, 3. Aufl. Düsseldorf 1984

[2]   Brauch, W. / Dreyer, H.-J. / Haacke, W.: Mathematik für Ingenieure des Maschinenbaus und der Elektrotechnik, 9. Aufl. Stuttgart 1995

[3]   Doetsch, G.: Anleitung zum praktischen Gebrauch der Laplace-Transformation und der Z-Transformation, 5. Aufl. München 1985

[4]   Doetsch, G.: Einführung in die Theorie und Anwendung der Laplace-Transformation, 3. Aufl. Basel 1976

[5]   Föllinger, O.: Laplace- und Fouriertransformation, 7. Aufl. Heidelberg 2000

[6]   Fricke, H. / Vaske, P.: Elektrische Netzwerke, Grundlagen der Elektrotechnik Teil 1 , 17. Aufl. Stuttgart 1982

[7]   Marko, H.: Methoden der Systemtheorie, 3. Aufl. Berlin 1995

[8]   Mildenberger, O.: Grundlagen der Systemtheorie für Nachrichten-techniker, München 1981

[9]   Pregla, R./Schlosser, W. O.: Passive Netzwerke, Stuttgart 1972

[10] Preuß, W.: Funktionaltransformationen, Leipzig 2002

[11] Spiegel, M.: Laplace-Transformationen, Düsseldorf 1977

[12] Unbehauen, R.: Systemtheorie, 8. Aufl. München 2002

[13] Vaske, P.: Übertragungserhalten elektrischer Netzwerke, 3. Aufl. Stuttgart 1983

5.5 Liste der verwendeten Formelzeichen bzw. Symbole

A_i, B_i	Residuen		M	Gegeninduktivität
C	Kapazität		R	Wirkwiderstand
D	Symbol für verallgemeinerte Ableitung		s	Bildvariable
			t	Zeitvariable
$\underline{F}$	Frequenzgang		T	Periodendauer
F{ }	Symbol für Fouriertransformation		U_0	konstante Spannung
			$u(t)$	Spannung
F^{-1}{ }	Symbol für inverse Fouriertransformation		$u_a(t)$	Ausgangsspannung
			$u_e(t)$	Eingangsspannung
$f(t)$	Zeitfunktion, Originalfunktion		$x(t)$	Eingangssignal
			$y(t)$	Ausgangssignal
$F(s)$	Bildfunktion, Laplace-Transformierte		Y	Leitwert
$F(\omega)$	Spektralfunktion		Z	Scheinwiderstand
$g(t)$	Gewichtsfunktion, Impulsantwort		β	Konvergenzabszisse
			δ	Abklingkonstante
$G(s)$	Übertragungsfunktion		$\delta(t)$	Impulsfunktion, Deltafunktion
$h(t)$	Übergangsfunktion, Sprungantwort			
			$\varepsilon(t)$	Sprungfunktion
$i(t)$	Strom		ϑ	Dämpfungsgrad
j	imaginäre Einheit		σ	Realteil der Bildvariablen
k	Kopplungsgrad		τ	Zeitvariable, Impulsdauer
L	Induktivität		φ	Phasenwinkel
L{ }	Symbol für Laplace-Transformation		ω	Kreisfrequenz
			ω_e	Eigenkreisfrequenz
L^{-1}{ }	Symbol für inverse Laplace-Transformation		ω_0	Kennkreisfrequenz

5.6 Sachverzeichnis

Grundlagen der Elektrotechnik

Moeller, F./Fricke, H./ Frohne, H./
Löcherer, K.-H./Scheithauer R.(Hrsg.)

Grundlagen der Elektrotechnik

Ein Standardwerk des
Elektroingenieurs

Bearbeitet von Heinrich Frohne, Karl-Heinz
Löcherer, Hans Müller,
19., korr. u. durchges. Aufl. 2002.
XVIII, 662 S., mit 383 teils mehrfarb. Abb.,
36 Tafeln u. 172 Beisp. (Leitfaden der
Elektrotechnik) Geb. € 42,90
ISBN 3-519-56400-9

Hugel, Jörg

Elektrotechnik

Grundlagen und Anwendungen

1998. XII, 499 S., mit 356 Abb.
Br. € 29,90
ISBN 3-519-06259-3

Linse, Hermann / Fischer, Rolf

Elektrotechnik für Maschinenbauer

Grundlagen und Anwendungen

11., durchges. u. akt. Aufl. 2002. 372 S.,
mit 411 Abb. u. 109 Beisp. Br. € 34,00
ISBN 3-519-36325-9

Flordorff, René / Hilgarth, Günther

Elektrische Energieverteilung

7., überarb. Aufl. 2000. XIV, 390 S.,
mit zahlr. Abb. u. Tab. Br. € 34,90
ISBN 3-519-16424-8

Strassacker, Gottlieb

Rotation, Divergenz und das Drumherum

Eine Einführung in die
elektromagnetische Feldtheorie

4., vollst. überarb. u. erw. Aufl. 1999.
XI, 271 S., mit 139 Abb. u. 66 Beisp.
Br. € 26,00
ISBN 3-519-30101-6

Stand Oktober 2002.
Änderungen vorbehalten.
Erhältlich im Buchhandel
oder beim Verlag.

B. G. Teubner
Abraham-Lincoln-Straße 46
65189 Wiesbaden
Fax 0611.7878-400
www.teubner.de

Teubner